더 이상한 수학책

더 이상한 수학책

The Wisdom of Calculus in a Madcap World

벤 올린 지음 | 이경민 옮김

북라이프

옮긴이 | **이경민**

고려대학교 전기전자전파과를 졸업하고 글밥 아카데미 수료 후 바른번역 소속 번역가로 활발히 활동하고 있다. 읽기 쉽고 재미있는 번역으로 과학 기술을 알리는 데 보탬이 되고자 번역가의 길을 걷게 됐다. 옮긴 책으로는 《험블 파이》, 《다가온 미래》 등이 있다.

더 이상한 수학책

1판 1쇄 발행 2021년 3월 2일
1판 18쇄 발행 2024년 10월 30일

지은이 | 벤 올린
옮긴이 | 이경민
발행인 | 홍영태
발행처 | 북라이프
등 록 | 제2011-000096호(2011년 3월 24일)
주 소 | 03991 서울시 마포구 월드컵북로6길 3 이노베이스빌딩 7층
전 화 | (02)338-9449
팩 스 | (02)338-6543
대표메일 | bb@businessbooks.co.kr
홈페이지 | http://www.businessbooks.co.kr
블로그 | http://blog.naver.com/booklife1
페이스북 | thebooklife
ISBN 979-11-91013-12-2 03410

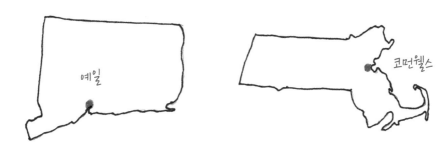

예일

코먼웰스

내가 고향이라 생각하는 학교 학생들과 선생님들에게

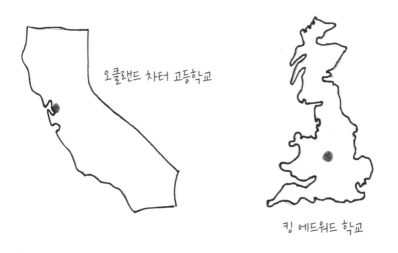

오클랜드 차터 고등학교

킹 에드워드 학교

침묵이 흘렀다. 잠시 후 그가 물었다.
"신에 관한 개념을 어떻게 얻으셨습니까?"

"저는 신을 찾고 있었습니다." 나는 대답했다. "신화나 신비주의를 찾는 게 아닙니다. 마법도 아니고요. 신을 발견할 수 있는지는 불확실하지만 가능성만은 알고 싶었어요. 신은 그게 누구이든 혹은 무엇이든 거부할 수 없는 힘을 가진 존재라는 것은 분명합니다."

"변화를 말씀하시는 건가요?"

"그렇습니다, 변화입니다."

"그런데 그건 신이 아닙니다. 변화는 사람도 아니고 지적 존재도 아닐뿐더러 어떤 사물도 아니지 않습니까. 저는 잘 모르겠네요……. 어떤 개념일까요?"

나는 빙그레 웃었다. 이 정도면 끔찍한 비판은 아니지 않을까?

　　　　　　　　　　—옥타비아 버틀러, 《씨 뿌리는 사람의 우화》Parable of the sower

머리말

지금으로부터 100만 일 전, 그러니까 대략 2000년 전에 고대 그리스 철학자 파르메니데스는 이렇게 말했다. "어쨌든 그것은 창조되지 않았고 파괴할 수 없으며 유일하고 완전하고 움직이지 않고 무한하다." 대담한 철학이다. 그는 분할과 구별, 과거와 미래를 용납하지 않았다. 그리고 이렇게 설명했다. "이제까지도 없었고 앞으로도 없을 것이다. 그것은 동시적이며 연속적이기 때문이다." 그에게 우주는 로스앤젤레스의 교통 상황과도 같았다. 즉 변치 않고 유례없으며 영원했다.

100만 일 후, 그의 사상은 여전히 어리석은 상태 그대로 남아 있다.

이봐요, 파르메니데스 씨. 당신은 시나 형용사로만 말할 수 있지만 우리는 속지 않아요. 그가 활동하던 당시에는 불교도나 기독교인, 이슬람교도는 존재하지 않았다. 부처, 예수, 마호메트가 아직 태어나기 전이기 때문이다. 또한 이탈리아 사람들이 토마토소스를 먹기 전이었다. '이탈리아'라는 이름도 없었고, 토마토는 이탈리아에서 9600킬로미터나 떨어진 곳에서 재배되고 있었다. 지구에 사는 총인구는 5000만 명에서 1억 명 사이였다. 오늘날 매년

디즈니랜드를 방문하는 사람 수가 그쯤 된다.

파르메니데스 씨, 사실 당신이 살던 시절부터 오늘날까지 똑같은 건 단 두가지뿐이에요. 첫째, 변화는 어느 곳에나 편재한다는 것. 둘째, 당신의 철학은 바로잡을 수 없을 정도로 완전히 틀렸다는 것이죠.

이제 파르메니데스 이야기는 그만할 것이다.(물론 그의 영리한 제자 제논이 나중에 등장하긴 하지만.) 아이고, 이제 고대 로마 전통 의상을 입은 골칫거리를 보지 않아도 되니 속이 시원하다. 이제 우리는 그와 동시대 사람인 헤라클레이토스를 지나(헤라클레이토스는 "같은 강물에 발을 두 번 담글 수 없다."라고 말했다.) 지금으로부터 12만 일에서 13만 일 전인 17세기 말로 가 보자. 그때는 아이작 뉴턴이라는 과학자와 고트프리트 라이프니츠라는 박식한 사람이 이 책의 주인공을 낳았던 시기다. 이 책의 주인공이란 새로운 형태의 수학이자 변화의 언어로 지구 흐름을 정량화하려는 시도였다.

오늘날 우리는 그 수학을 '미적분학'calculus이라 부른다.

미적분학의 첫 번째 도구는 '도함수', 즉 '**미분**'이다. 무언가가 순간적인 변화율로 특정 순간에 어떻게 변화하는지를 말한다. 예를 들면 뉴턴의 머리로 사과가 막 떨어진 순간의 속도다. 머리에 떨어지기 직전 사과는 약간 느려졌을 것이고 떨어진 직후에는 완전히 다른 방향으로 움직였을 것이다. 마치 물리학 역사가 바뀌듯 말이다. 그러나 도함수는 직전이나 직후에는 관심 없다. 오직 그 순간만을 말한다. 순간적인 무한소infinitesimal의 찰나 말이다.

미적분학의 두 번째 도구는 '**적분**'이다. 적분은 무수히 많은 조각의 총합으로 각 조각은 대단히 작다. 매우 얇은 원을 여러 개 그려 보자. 원들은 하나로 쌓여 구球를 이룰 것이다. 원자만큼 조그마한 개인은 무리를 이루어 인류를 구성하고 0초만큼 짧은 순간은 한데 뭉쳐 한 시간, 영겁, 영원이 된다.

각 적분은 총합, 즉 우주 전체를 뜻하며 우리 수학은 파노라마 렌즈로 그

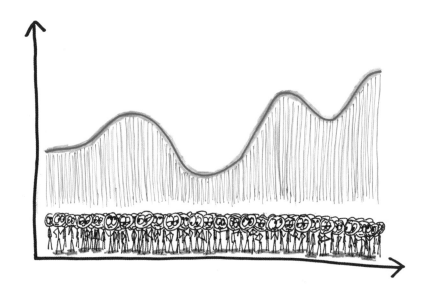

장면을 포착한다.

　미분과 적분은 수학의 전문적인 도구로 상당한 평판을 쌓아 왔다. 그러나 내 생각에 그들은 그 이상을 충분히 할 수 있다. 여러분과 나는 파도에 흔들리고 소용돌이에 내팽개쳐지고 급류에 휩쓸린 배와 같다. 내가 꽉 잡은 미분과 적분은 작은 철학책 같아서 불어나 넘치는 강을 가로지를 수 있는 단단한 노가 된다.

　따라서 이 책은 수학에서 지혜의 정수만을 뽑아내는 시도가 될 것이다.

　제1부 '순간'에서는 도함수의 꼬리를 추적한다. 졸졸 흐르는 시간의 흐름 속에서 순간을 뽑아낸다. 달 궤도에서 1밀리미터의 차이를 엿보고 버터 바른 토스트를 한 입만 베어 무는 순간과 티끌 같은 입자가 불규칙적으로 도약하는 과정, 몇 분의 1초도 안 되는 순간에 개가 의사 결정을 내리는 과정을 함께 볼 것이다. 만약 도함수가 현미경이라면 이러한 각각의 장면은 신중하게 선택한 세상의 축소판과 같다.

제2부 '영원'에서는 적분을 소환하여 무수히 많은 물방울이 어떻게 하나의 줄기가 되는지 살펴본다. 만날 상대는 작은 조각들로 만든 원, 다수 장병으로 이루어진 군대, 무명 빌딩들이 그린 스카이라인, 수백조 개 별들로 꽉 찬 우주다. 만약 적분이 대형 화면을 갖춘 극장이라면 이러한 이야기들은 여러분이 꼭 영화관에서 봐야 할 대서사시다. 집에서 텔레비전으로 봐서는 소용없다.

분명히 해 두고 싶다. 여러분 손안에 있는 이 책은 "미적분학을 알려 주지 않는다." 이 책은 질서 정연한 교과서가 아니라 다방면에 걸쳐 우스꽝스러운 그림을 그린 일종의 '민속' 기록이다. 즉 일반인 독자를 위해 비전문적인 언어로 썼다. 여러분은 미적분학에 문외한일 수도 있고 이미 친숙할 수도 있다. 책 속 이야기들이 작은 즐거움과 통찰을 줄 수 있기를 바란다.

이 책은 절대로 완성되지 않는다. 페르마의 빛의 굴절, 뉴턴의 암호문, 디랙의 불가능한 함수 등이 포함되지 않았다는 말이다. 변화무쌍한 이 세상에서 어떤 책도 모든 걸 다룰 수는 없다. 신화도 끝나지 않는다. 강은 계속 흐른다.

벤 올린

일러두기
1. 본문의 인명, 지명 등 외래어는 국립국어원 외래어 표기법에 따랐습니다.
2. 원고 특성상 등장하는 단위를 모두 미터법으로 통일하지 않았습니다.

차례

머리말 • 8

제1부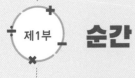

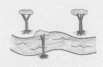

제1장 **손에 잡히지 않는 시간** • 21
미적분학이 소원을 들어주다

제2장 **영원히 떨어지는 달** • 33
미적분학이 우주를 설명하다

제3장 **버터 바른 토스트를 먹으며 느낀 찰나의 행복** • 45
미적분학이 마음을 사로잡다

제4장 **세계 공통어** • 57
미적분학이 재미를 보다

제5장 **미시시피강이 160만 킬로미터를 흐른다면** • 71
미적분학이 장난을 치다

제6장 **셜록 홈스와 엉뚱한 방향을 가리키는 자전거** • 83
미적분학이 미스터리를 풀다

제7장 **근거 없는 유행학 개론** • 93
미적분학이 유행을 기록하다

제8장 **바람이 남긴 것** • 105
미적분학이 수수께끼를 내다

제9장 **더스티 댄스**   • 115
    미적분학이 식물학자를 당황하게 만들다

제10장 **머리칼이 새파란 여성과 초월적인 소용돌이**   • 127
    미적분학이 남편을 대신하다

제11장 **도시의 경계에 선 공주**   • 141
    미적분학이 해안가를 소유지로 주장하다

제12장 **종이 클립이 일으킨 폐허**   • 151
    미적분학이 재앙을 안내하다

제13장 **곡선의 최후 승리**   • 163
    미적분학이 조세 정책을 다시 쓰다

제14장 **그 개는 알고 있다**   • 177
    미적분학이 개를 스타로 만들다

제15장 **칼큘무스!**   • 191
    미적분학이 모든 문제를 영원히 해결하다

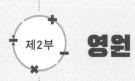

제2부 영원

제16장 circle 그리고 원, 집단, 서클 · 203
미적분학이 오이를 자르다

제17장 《전쟁과 평화》와 적분 · 213
미적분학이 역사를 변혁하다

제18장 리만시市 스카이라인 · 227
미적분학이 도시 설계자가 되다

제19장 통합이란 위대한 성취 · 239
미적분학이 디너파티를 준비하다

제20장 적분 안에서 벌어지는 일은 적분 안에 머문다 · 251
미적분학이 도구를 늘리다

제21장 딱 한 번 펜을 잘못 놀렸을 뿐인데 사라져 버린 존재 · 261
미적분학이 우주의 68퍼센트를 지우다

제22장 1994년, 미적분학이 탄생하다 · 273
미적분학이 혈당치를 측정하다

제23장 고통을 반드시 느껴야 한다면 · 283
미적분학이 영혼을 측정하다

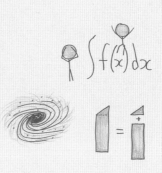

제24장 **신들과 싸우다**   • 293
     미적분학이 로마의 공격을 막아 내다

제25장 **보이지 않는 구로부터**   • 307
     미적분학이 4차원을 방문하다

제26장 **추상주의에 뛰어난 바클라바**   • 319
     미적분학이 미주가 되다

제27장 **가브리엘, 너의 나팔을 불라**   • 331
     미적분학이 이단을 낳다

제28장 **불가능의 장면**   • 343
     미적분학이 짜증과 동시에 열광을 일으키다

     감사의 말   • 354
     강의 노트   • 357
     참고 문헌   • 365

변화의 순간은 유일한 시다. _ 에이드리엔 리치

제1부 | 순 간

순간 I.
시간은 또 다른 희생자를 요구한다

제1장

손에 잡히지 않는 시간

미적분학이 소원을 들어주다

야 로미르 흘라디크는 몇 편의 작품을 썼지만 아무것도 만족스럽지 않았다. 한 편은 '의미 없는 노력의 산물'에 지나지 않았다. 또 한 편은 '부주의, 피로, 온갖 추측'으로 특징지었다. 또 다른 한 편은 오류에 반박하려고 쓴 것이지만 '오류가 있는 문장들'로 구성됐다. 나는 치약 광고에서 말하듯 흠 없고 빛나는 책만 집필했지만 충분히 그에게 공감한다. 특히 그가 하루하루를 버티게끔 한 작은 위선에도 말이다.

시인 호르헤 보르헤스는 우리에게 다음과 같이 말한다. "모든 작가처럼 흘라디크는 다른 작가들을 결과적인 성과로 판단했다. 그런데 본인은 아직 완성되지도 않은 자신의 계획과 추측으로 평가받기를 원했다."

흘라디크는 무슨 작품을 계획했을까? 아하! 그는 여러분의 질문에 반가워한다. 바로 《적들》The Enemies이라는 제목의 시극詩劇이며 그야말로 걸작이될 예정이었다. 그 작품으로 그는 꽃길을 걷고 처남의 기를 죽이며 마침내

'인생의 근본적인 의미'를 되찾을 수 있었다. 물론 그러려면 작은 장애물부터 넘어야 했다. 다시 말해 작품을 실제로 써내야 했다.

먼저 독자에게 사과부터 하겠다. 이야기가 어두워질 차례이기 때문이다. 나치가 지배한 프라하에서 유대인인 흘라디크가 게슈타포에 체포되었다. 형식적인 재판이 열렸고 그는 사형 선고를 받았다. 사형 집행 전날 밤 흘라디크는 하느님에게 기도했다.

> "제가 실제로 존재한다면, 제가 하느님의 실수나 모방이 아니라면 저를 《적들》의 작가로 존재하게 하옵소서. 저뿐만 아니라 하느님을 정당화할 이 작품을 쓸 수 있도록 저에게 1년을 더 주옵소서. 시간의 주재이신 하느님, 저에게 시간을 허락하옵소서."

잠들 수 없는 밤이 지나고 새벽이 밝았다. 하사가 사형 집행대에 발사 명령을 외쳤을 때, 막 흘라디크가 죽음을 기다리며 호흡을 삼키고 모든 것을 되돌릴 수 없게 된 순간…… 우주가 얼어붙은 듯 멈췄다.

하느님이 그에게 비밀스러운 기적을 베풀었다. 빗방울이 그의 뺨을 타고 흐르고 총알이 경로를 따라 날아오는 순간, 그 짧은 시간이 확장되고 연장되고 팽창되었다. 세상은 멈췄으나 그의 생각은 그렇지 않았다. 이제 흘라디크는 마음속으로 시구를 다듬으며 작품을 완성할 수 있었다. 이 순간은 1년 동안 이어질 테니까.

여기, 누구도 원하지 않는 운명의 문턱에서 그는 모두가 몹시 바라는 선물을 받았다.

소설가 윌리엄 포크너는 언젠가 이렇게 기록했다. "모든 예술가의 목표는 삶의 움직임을 포착하는 것이다. 인위적인 방법으로 고정하는 것 말이다."(물

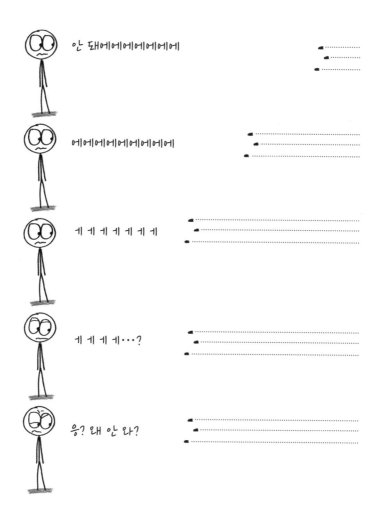

안 돼에에에에에에에

에에에에에에에에

끼 끼 끼 끼 끼 끼 끼

끼 끼 끼 끼…?

응? 왜 안 와?

론 흘라디크는 보르헤스가 자신의 소설 《비밀의 기적》The Secret Miracle에서 탄생시킨 허구 인물이다.) 아이작 뉴턴은 'Tempus fluit.'라고 썼는데 이는 "시간은 흐른다."time flows라는 뜻이다. 또한 중세에는 해시계를 가리켜 Tempus fugit라고 했는데 곧 "시간이 질주하다."time flees라는 뜻이다. 목적은 다르지만 우리모두, 즉 예술가나 과학자, 심지어 아무것도 모르면서 말만 번지르르한 '철학자'도 시간의 뒤를 쫓는다. 시간을 움켜쥐고 찰나의 순간을 붙들려 하는 것이다. 마치 흘라디크가 그랬던 것처럼.

아아, 그러나 시간은 몸을 숨기며 유유히 빠져나간다. 고대 그리스의 문제아 제논을 떠올려 보자. '화살의 역설'paradox of the arrow 말이다.

자, 대기를 가로지르는 화살을 그려 보자. 이제 흘라디크처럼 어느 한순간에 화살을 멈춰 보자. 화살이 지금 움직이고 있는가? 아니다. 순간을 멈췄으니 화살은 고정되어 있다. 즉 어느 주어진 순간에 화살은 움직이지 않는다. 그런데 시간이 여러 순간으로 구성되었다면 화살은 순간마다 멈춰 있을 텐데 어떻게 실제로 날아가는 것일까?

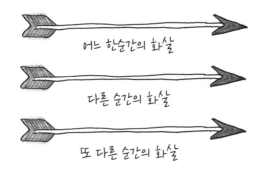

도대체 화살은 '정확히' 어느 순간에 움직이는 걸까?

중국 고대 철학자들도 비슷한 질문을 던졌다. 한 철학자는 이렇게 답했다. "차원이 없는 것은 축적될 수 없다.", "그것의 크기는 1609킬로미터에 달한다." 수학적으로 한순간은 차원이 없다. 즉 길이나 기간이 없다. 한순간은 0초에 불과하다. 0초에 2를 곱해 봐야 0이다. 따라서 '두' 순간도 0초에 해당할 뿐이다. 같은 식으로 '열' 순간, '천' 순간, '백만' 순간도 마찬가지다. 사실 순간에 어떤 유한한 숫자를 곱한다 해도 0에 지나지 않는다.

그러나 순간이 아무리 모여 봐야 0에 불과하다면 한 달이나 1년은 어디서 유래하는가? 축구 경기는 어떻게 90분인가? 무한소의 순간이 모여 어떻게 무한한 시간을 이루는가?

작가 버지니아 울프가 주목한 바에 따르면 시간은 "동물과 식물이 정확한 때에 맞춰 꽃처럼 피고 지게 한다. 그러나 인간의 마음에는 똑같은 효과를 미치지 못한다. 인간의 마음은 시간에 따라 기이하게 작동한다."

우리는 역사를 거슬러 순간을 추적하며 시간을 난도질한다. 모래시계와 양초시계(일정한 간격으로 표시가 새겨진 얇은 양초로 불에 타면서 시간의 경과를 나타낸다.—옮긴이)로 하루를 몇몇 시간으로 나눈다. 또 진자와 탈진기로 시간을 몇몇 분minute(어원은 '한 시간의 미세한 일부'란 뜻이다.)으로 나눈다. 그리고 분을 몇몇 초second(마찬가지로 어원은 미세한 일부의 '2차 부분'second order을 뜻한다.)로 또 나눈다. 이런 식으로 우리는 시간을 파리가 날개를 한 번 펄럭거리는 데 걸리는 시간인 밀리초로 나누고, 클럽의 현란한 조명이 눈부시게 번쩍거리는 데 걸리는 시간인 마이크로초, 더 나아가 빛이 30센티미터만큼

• 고대 신화에서 시시포스는 거대한 무거운 바위를 산 위까지 밀어 올리는 형벌을 받는다.—옮긴이

움직이는 데 걸리는 시간인 나노초로 나눈다. 피코(10^{-12}), 펨토(10^{-15}), 아토(10^{-18}), 젭토(10^{-21}), 욕토(10^{-24}) 초는 말할 것도 없다. 미국 작가이자 만화가인 닥터 수스는 욕토 초 이하로는 알지 못해 목소리가 점점 작아졌겠지만 우리는 여전히 더 작은 단위로 초를 나눌 수 있다. 플랑크 시간은 10^{-43}초 단위로 빛이 양성자의 $\frac{1}{10^{20}}$만큼 지나갈 때 걸리는 시간을 뜻한다. 이보다 더 짧은 시간은 어떤 장비로도 측정할 수 없다. 물리학자들에 따르면 플랑크 시간은 우리가 이해하는 한 우주에서 의미 있는 가장 짧은 시간 단위다.(물론 나는 이해가 잘 안 되지만.)

길이	초	의미
1분	60	슈퍼히어로 영화 개봉 간격
1초	1	재채기하는 데 걸리는 시간 또는 엄청나게 긴 재채기 시간의 0.1퍼센트
1밀리초	$\frac{1}{10^3}$	평균적인 사람이 집중할 수 있는 시간
1마이크로초	$\frac{1}{10^6}$	동영상에 버퍼링이 걸릴 때 견딜 수 없는 시간
1나노초	$\frac{1}{10^9}$	개가 나를 신뢰할 수 없다고 판단하는 데 소요되는 시간
1플랑크 시간	$\frac{1}{10^{43}}$	물리학자가 플랑크 시간 같은 양자 효과를 말하기 시작할 때 내 집중력이 떨어지는 시간
1순간	0	?!?!?!?!?!?!?!?!

자, 그렇다면 '순간'은 어디 있는가? 플랑크 시간보다도 밑에 있는가? 우리가 어떤 구간을 축적해서 순간을 만들 수 없고 또 반대로 어떤 구간을 나누어 순간으로 쪼갤 수도 없다면, 이 보이지 않고 나눌 수도 없는 '순간'은 도대체 무엇이란 말인가? 나는 시간이 똑딱똑딱 흐르는 세상에서 이 책을 쓰고 있는데 흘라디크는 과연 어떤 세상에서 작품을 집필한 것일까?

11세기에 수학은 최초로 시험적인 답변을 내놓았다. 유럽 수학자들이 머리를 쥐어뜯으며 부활절 날짜를 계산하고 있을 때 인도 천문학자는 일식을 예측하느라 바빴다. 일식 예측에는 대단히 정밀한 정확도가 필요했다. 천문학자들은 시간을 굉장히 잘게 쪼갰고 그 시간 단위는 1000년이 지나서야 측정 가능했다. 1초를 무려 3만 분의 1로 쪼갠 트루티truti 단위를 이용한 것이다.

이렇게 잘게 자른 조각인 트루티는 순간적인 움직임, 즉 타트칼리카–가티tatkalika-gati라는 개념으로 이어졌다. 달은 어느 방향으로 얼마나 빠르게 순간적으로 움직이는 것일까?

그렇다면 순간적인 움직임이란 무엇인가?

이 순간적인 움직임을 무엇이라 부르는가?

현재는?

오늘날 타트칼리카–가티는 더 따분한 이름인 '도함수'라고 불린다.

달려가는 자전거를 상상해 보자. 도함수는 자전거의 위치가 얼마나 빠르게 변하는지 측정한다. 다시 말해 주어진 순간에서의 자전거 속도를 의미한다. 28쪽에 그려진 그래프를 보면 곡선의 기울기가 자전거 속도와 같다는 걸 알 수 있다. 곡선이 급격하게 바뀔수록 더 빠른 속도를 나타내는데 이는 더 큰 미분 계수에 해당한다.

물론 어느 주어진 순간에서 자전거는 제논의 화살과 같아서 움직이지 않는다. 정지 화면에서는 도함수를 계산할 수 없다. 따라서 우리는 정지 화면

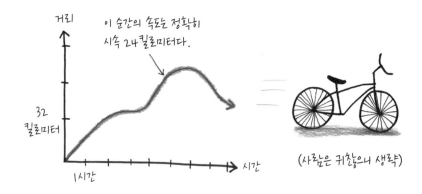

거리

이 순간의 속도는 정확히
시속 24킬로미터다.

32
킬로미터

1시간

시간

(사람은 귀찮으니 생략)

대신 시간 간격을 좁혀 가며 확대해 들여다볼 것이다. 먼저 10초 간격에서 자전거의 평균 속도를 알아본다. 그다음 1초 간격에서 평균 속도를 알아보고, 그다음은 0.1초 간격에서, 그다음은 0.01초, 또 그다음은 0.001초 간격에서 속도를 알아본다.

이런 방식으로 우리는 주어진 순간의 속도에 점점 더 가까이 다가갈 수 있다.

시작	끝	속도
12:00:00	12:00:10	시속 62.76킬로미터
12:00:00	12:00:01	시속 64.22킬로미터
12:00:00	12:00:00.1	시속 64.34킬로미터
12:00:00	12:00:00.01	시속 64.36킬로미터
정확히 낮 12시 정각에는……		시속 64.37킬로미터

또 다른 예로 화학 반응을 살펴보자. 두 화학 물질이 결합해 새로운 화학 물질을 낳으려 한다. 이때 도함수는 새로운 화학 물질의 농도가 얼마나 빨리 짙어지는지를 뜻한다. 즉 주어진 순간에서의 반응 속도(몰, mole)인 것이다.

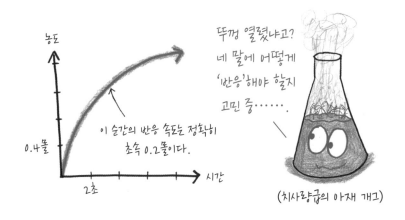

이 순간의 반응 속도는 정확히 초속 0.2몰이다.

뚜껑 열렸냐고?
네 말에 어떻게
'반응'해야 할지
고민 중……

(치사량급의 아재 개그)

토끼가 급격히 늘고 있는 어떤 섬을 생각해 보자. 이때 도함수는 토끼 개체 수가 얼마나 빨리 늘고 있는지를 뜻한다. 즉 주어진 순간에서의 개체 수 증가율이다.(이 그래프에서는 토끼 수가 '소수점' 이하까지 표현될 수 있다. 토끼가 0.7마리 존재할 수 있냐고? 뭐 어쨌든, 그렇다고 치자.)

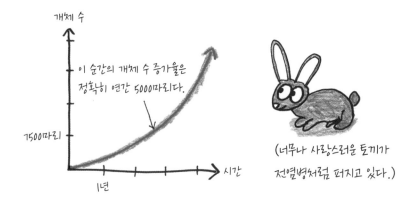

이 순간의 개체 수 증가율은 정확히 연간 5000마리다.

(너무나 사랑스러운 토끼가 전염병처럼 퍼지고 있다.)

도함수라는 기초적인 수학 개념은 흘라디크의 상상과 기이하게 닮았다. 도함수는 '순간적인 변화'다. 마치 병 속에 번개를 담듯 순간적인 움직임을 포착하는 것이다. 단 하나의 순간에는 아무 일도 일어날 수 없다는 제논의 주장과는 반대다. 오히려 찰나의 순간에도 무슨 일이든 벌어질 수 있다고 믿는 흘라디크의 상상과 궤를 같이한다.

이제 여러분은 흘라디크가 어떻게 되었는지 궁금할 것이다. 열두 달 동안 그는 자신의 작품을 완성했다. 보르헤스에 따르면 흘라디크가 글을 쓴 이유는 '후대를 위해'서도 '문학적 취향이 어떤지 알 수 없는 신에게 바치기 위해'서도 아니었다. 오직 자기 자신을 위해서였다. 소설가 토머스 울프가 말한 예술가의 끝없는 욕망을 채우기 위해 작품 활동에 전념했다.

인생의 단 한 순간, 삶의 아름다움, 열정, 말로 표현할 수 없는 웅변의 단 한 순간, 지나가고 떠오르고 떠나가는, 모래가 손가락 사이로 떨어지듯, 필사적으로 움켜쥐지만 강이 흐르듯 흘러가고 마는 결코

잡을 수 없는 단 한 순간을 결코 파괴할 수 없는 형태로 영원히 고
정하기 위하여.

흘라디크는 강물을 움켜쥐었다. 누가《적들》을 읽을지, 총알이 다시 날아
올지는 중요하지 않았다. 작품을 완성했다는 것이 중요했다. 이제 그 자체로
영원이란 단 한 순간에 언제나 존재할 것이기 때문이다.

순간 Ⅱ.
아이작 뉴턴은 달이 떨어지는 사과와 같다고 생각했다

영원히 떨어지는 달

미적분학이 우주를 설명하다

아이작 뉴턴은 호기심 많은 아이였다. '호기심 많은'이란 표현으로 내가 말하고자 하는 건 '항상 지식을 탐구하는'이라는 의미도 있지만 '굉장히 특이한'이라는 뜻도 포함한다. 전하는 이야기에 따르면 어린 시절 뉴턴은 책 읽는데 너무 몰두한 나머지 키우는 고양이가 자신의 밥을 훔쳐 먹는 것도 몰랐다고 한다. 고양이는 나날이 뚱뚱해졌다. 뉴턴의 첫 광학 실험은 어땠을까? 여러분은 뭔가를 좀 배우겠다고 시력을 잃을 수도 있는 위험을 감수하는 아이를 만나 본 적 있는가? 뉴턴은 이렇게 기록했다. "나는 두껍고 무딘 뜨개질바늘을 가져왔다. 그걸로 눈과 눈 아래 뼈 사이에 가능한 한 깊숙이 찔러 넣었다. 눈이 튀어나오지 않도록 꽉 눌렀고 (……) 그렇게 하자 하얗고 검고 다채로운 색깔의 원이 나타났다."

부끄러운 일이지만 우리는 뉴턴을 더 이상 스스로를 학대하는 살찐 고양이 집사로 기억하지 않는다. 그 대신 사과에 머리를 맞아 번뜩이는 아이디어

아하! 작은 고통을 통해 엄청난 개념을 깨달았어!

전설

왜 바늘로 눈을 찌르고 있니?

엄마, 이건 과학이에요!

현실

를 떠올린 인물로 기억한다.

그러나 이 이야기는 사실 후대에 꾸며 낸 것이다. 뉴턴이 그 일과 관련해 말한 바에 따르면 그는 떨어지는 사과를 언뜻 본 게 전부다. 그의 가까운 친구였던 의사 헨리 펨버턴은 다음과 같이 기억했다. "뉴턴은 정원에 혼자 앉아 중력의 힘을 추측했다." 그때 떨어진 사과를 보며 뉴턴이 떠올린 생각은 우리가 얼마나 높이 올라가든지, 즉 옥상이나 나무 꼭대기, 산 정상에 있더라도 중력이 약해지지 않는다는 것이었다. 아인슈타인의 표현에 빗대면 '먼 거리에서 일어나는 유령 같아 보이는 작용'(양자 얽힘)이었다. 지구를 이루는 물질이 거리가 얼마나 멀어지든 상관없이 물체를 끌어당기는 것처럼 보이는 현상 말이다.

호기심 가득한 젊은 뉴턴은 더 깊이 조사했다.(이번에는 바늘로 눈을 찌르지 않고 단지 상상했다.) 중력이 산 정상 너머로도 작용한다면 어떻게 될까? 우리가 생각하는 것보다 더 멀리 있는 것까지 끌어당긴다면 어떻게 될까?

중력은 달까지 가 닿을까?

아리스토텔레스는 결코 그렇게 생각하지 않았을 것이다. 천상계의 별은 완벽한 규칙을 따르며 조화를 이룬다. 마치 내 아내의 가족들이 저녁 파티를 준비하는 것처럼. 그러나 땅 위의 인생은 무질서하며 온통 진흙을 튀긴다. 마치 내가 만찬을 준비하는 것처럼. 그런데 어떻게 천상계와 지상계가 같은 법칙을 따르겠는가? 바늘로 자기 눈을 찌르는 미친 사람이 어찌 감히 두 영역을 통합하려 하는가?

자, 1666년 봄. 뉴턴은 스물셋이었고 어머니의 정원 그늘에서 쉬고 있었다. 그는 사과가 떨어지는 걸 보았고 그 순간 두 번째 사과가 떨어지는 모습을 상상했다. 두 번째 사과는 어쩌면 달처럼 멀리 떨어져 있었을 수 있다. 매킨토시McIntosh(미국산 빨간 고급 사과―옮긴이)를 향한 작은 한 걸음은 위대한 도약이 되었다.

뉴턴은 달까지 거리를 대충 알았다. 지구의 표면에서 중심까지 거리가 1이라면 달까지 거리는 60이다.

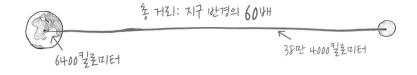

이렇게 멀리 떨어져 있는데 어떻게 중력이 작용할까?

가장 높은 산이라 해도 비교가 되지 않는다. 달과 비교하면 에베레스트산 정상도 지구 표면에 붙어 있는 수준이다. 머리카락 두께 정도나 될까. 그러나 한번 거대한 도약을 상상해 보자. 중력이 거리에 따라 줄어든다면 어떻게 될까? 여러분이 지구에서 멀리 떨어질수록 중력이 약해진다면? 나는 지금 뉴턴의 그 유명한 '역제곱 법칙'을 말하고 있다.

즉 거리가 2배 멀어진다면 중력은 4분의 1이 된다.

거리가 3배 멀어진다면 중력은 9분의 1이 된다.

거리가 10배 멀어진다면 중력은 100분의 1이 된다.

지구 중앙에 있는 친구들보다 60배 멀리 떨어진 우리의 용감한 우주 비행 사과는 3600분의 1에 불과한 중력을 받는다. 만약 여러분이 무언가를 3600으로 나눠 본 적이 없다면 내가 그 답을 알려 주겠다. 그 수는 몹시 작아진다.

지구에서 사과를 떨어뜨려 보자. 그러면 첫 1초 동안 4.9미터 떨어진다. 이는 2층 창문 정도 높이다.

달만큼 멀리 있는 우리의 우주 비행 사과를 떨어뜨려 보자. 그러면 첫 1초 동안 1.35밀리미터 떨어진다. 아주 얇은 신용 카드 두께 정도 말이다.

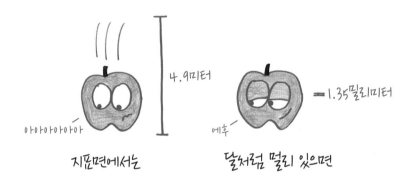

뉴턴 시절에는 달 궤도에 대한 설명이 여전히 수수께끼였다. 르네 데카르트의 소용돌이 이론이 널리 받아들여지고 있기는 했다. 즉 천상계 물체는 빙빙 도는 입자 무리에 휩쓸린다는 것이었다. 예를 들면 소용돌이치는 욕조 배수구를 따라 뱅글뱅글 도는 장난감 오리처럼 말이다. 그러나 그해는 변화하는 시기였다. 즉 뉴턴의 **경이로운 해**(영국 런던에서 큰불이 나고 페스트가 크게 유행한 1666년을 일컫기도 한다.―옮긴이)였다.(경이로운 해는 열여덟 달 동안 계속됐다.) 혼자 있기 좋아하는 이 사내가 영국 울즈소프에 있는 어머니 집에서 전염병 확산이 잠잠해지기를 기다리며 근대 수학과 과학을 싹틔울 놀라운 아이디어들을 발견했다. 그는 운동 법칙을 명쾌히 설명했고 프리즘의 광학적 비밀을 밝혀냈고 다행히도 더는 집 안 물건으로 눈을 쑤시지 않았으며 미적분학을 발견했다.

그 과정에서 뉴턴은 사과로 데카르트의 소용돌이를 물리쳤다.

뉴턴보다 앞선 인물이자 그와 영혼이 통했던 갈릴레오 갈릴레이도 이미 알고 있었듯 수평 운동은 수직 운동에 영향을 미치지 않는다. 사과를 하나 떨어뜨려 보자. 동시에 똑같은 무게의 사과를 하나 더 옆으로 던져 보자. 둘은 동시에 땅에 도착한다. 분명 수평 운동은 서로 다른 힘의 지배를 받지만 수직 운동은 중력이라는 같은 힘의 지배를 받는다.

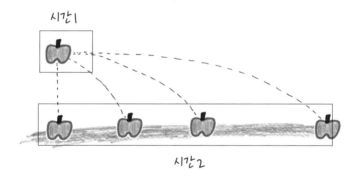

이번에는 매우 높은 산에 사과를 들고 올라가 초인적인 힘으로 던져 보자. 축하한다. 여러분은 뉴턴의 역작 《프린키피아》에 나오는 유명한 다이어그램을 접하게 되었다. 이 다이어그램은 빠른 속도로 떨어지는 물체의 기이한 물리학을 보여 준다.

지구가 둥글기 때문에 수평-수직 운동의 깔끔한 구분은 이제 사라진다. 즉 어떤 순간의 '수평' 운동은 다음 순간의 '수직' 운동이 된다. 그러므로 옆

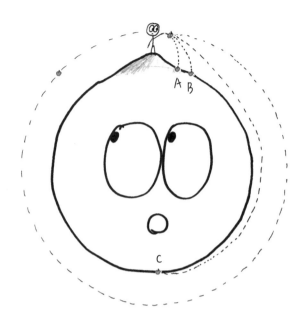

으로 더 세게 던질수록 땅에 떨어지는 데 걸리는 시간은 더 길어진다.

사과를 세게 던져 보자. 메이저 리그 투수처럼 던지면 그만큼 땅에 떨어지기 전에 좀 더 멀리 날아가 아마 A나 B에 도착할 것이다.

사과를 더 세게 던져 보자. 보스턴 레드삭스의 투수가 뉴욕 양키스의 거만한 타자에게 공을 던지듯 던지면 사과는 더 멀리 날아가고 떨어지는 데에도 시간이 더 오래 걸린다. 아마 C에 도착할 것이다.

사과를 진짜 세게 던져 보자. 마치 영화 〈루키〉(1993)의 스테로이드를 복용한 헨리 로웬가트너처럼 던진다면 사과는 너무 빨리 날아가 고도가 떨어지지 않는다. 즉 사과는 영원히 떨어지지 않는다. 뒤집어 말하면 영원히 떨어지는 것이다.

달 궤도는 단지 영원히 떨어지는 사과의 것과 같다. 데카르트의 소용돌이 이론은 필요하지 않다.

그렇다면 달은 어떻게 움직일까? 자, 그것이 바로 미적분학이다. 대단히 짧은 순간을 상상해 보자. 1초 동안 날아가는 순간은 어떨까? 그 정도 짧은 순간이라면 궤도의 호는 직선으로 봐도 무방하다.

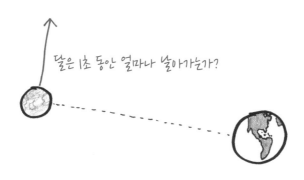

달은 1초 동안 얼마나 날아가는가?

나는 여기에 내버려 둔 우주 비행 사과가 중력을 따라 얼마나 날아가는지 표시했다.

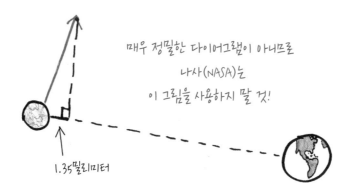

매우 정밀한 다이어그램이 아니므로
나사(NASA)는
이 그림을 사용하지 말 것!

1.35밀리미터

이제 무슨 차례인가? 그다음으로 뉴턴은 훌륭한 기하학을 선보였다. 우리도 여기에 작은 직각 삼각형을 그려 보자. 우리가 알고 싶은 건 빗변의 길이다. 그래서 서로 닮은 두 삼각형을 그리고 더 큰 것에 작은 것을 집어넣었다.

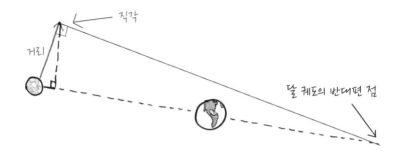

두 삼각형이 닮음이므로 동일한 비율을 이용해 빗변, 즉 거리를 구할 수 있다.

$$\frac{1.35밀리미터}{거리} = \frac{거리}{78만 1542킬로미터}$$

위의 식을 풀면 다음과 같은 답을 얻을 수 있다.

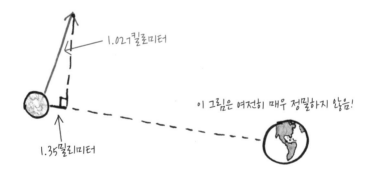

1.027킬로미터

이 그림은 여전히 매우 정밀하지 않음!

1.35밀리미터

여러분도 기억하겠지만 지구에서 달만큼 멀리 떨어져 있는 사과의 낙하 속도는 초속 1밀리미터다. 나무늘보 속도의 3퍼센트쯤 될까 싶다. 그러나 달이 지구를 공전하듯 사과 궤도가 유지되려면 수평 속도가 초속 1킬로미터가 되어야 한다. 무려 음속의 3배다.

　이런 사실은 단순하면서도 놀랍고 심지어 믿기 어렵기까지 했다. 달이 그렇게 빨리 날아가고 있다고? 뉴턴 경이여, 이게 사실입니까? 증거가 있습니까?

　자, 그렇다면 달이 지구를 공전하는 데 걸리는 시간을 계산해 보자. 달은 공전 궤도인 250만 킬로미터를 비행해야 한다. 초속 1킬로미터로 날아간다면 공전 궤도를 다 도는 데 얼마나 걸릴까?

$$239만\ 737초 = 27.7일$$

　와, 저 수치를 보라. 계산 결과는 실제 달 공전 주기의 0.7퍼센트 이내로 일치한다. 즉 뉴턴 이론의 결정적 증거가 된다. 달은 정말로 거대한 사과처럼 낙하하는 것이다. 전기 작가 제임스 글릭은 다음과 같이 말했다.

> "사과는 그 자체로 아무것도 아니었다. 그것은 장난꾸러기 쌍둥이
> 인 달의 반쪽이었다. (……) 사과와 달은 우연의 일치이자 이미 일반
> 적인 것이자 규모의 전환이었으며 가깝고도 멀고 일상적이면서 놀
> 라웠다."

　독신이었던 뉴턴이 우정과 보라색을 최초로 발명했다고 말할 수는 없겠지만 그의 이론이 끼친 영향력은 결코 간과할 수 없다. 그는 천상계와 지상계를 동시에 다스리는 단 하나의 힘을 발견했다. 현실에 대한 근대적 시각을 일깨운 것이다. 즉 시계태엽 장치처럼 기계적으로 움직이는 우주관을 선보였고 이러한 우주는 순간순간 파괴할 수 없는 분명한 법칙에 순종했다.

　수학자이자 천문학자인 피에르 시몽 라플라스는 "모든 사물의 위치와 모

든 힘의 크기를 아는 지적 존재를 상상해 보라. 그는 아마 모든 것을 알 것이다. 불확실한 건 없으며 미래와 과거는 그의 눈에 현재와 같다."라고 말했다.

온 세상은 하나의 미분 방정식이며 남성과 여성은 단지 변수에 불과하다.

모든 사람이 뉴턴의 시각을 환영한 건 아니다. 늘 돌려 말하는 시인 윌리엄 블레이크는 "과학은 죽음의 나무다."라고 말했고 만화가 앨런 무어는 "블레이크에게 뉴턴 이론은 완전히 지하 감옥의 차가운 벽이나 다름없었다. 모든 인류가 뉴턴으로 인해 저주받았다."라고 자세히 설명했다.

무거운 주제다.

그러나 뉴턴을 따르는 옹호자들도 있었다. 지칠 대로 지친 2등 시인 알렉산더 포프는 이렇게 말했다. "자연과 자연의 법칙은 어둠 속에 있었다. 신께서 말씀하셨다. '뉴턴이 존재하리라!' 그러자 모든 것이 빛이었다." 또 다른 시인 윌리엄 워즈워스는 "영원토록 놀라운 이성의 지표. 기이한 사고의 바다를 혈혈단신으로 항해하다."라고 말했다. 뉴턴을 가장 열렬히 지지한 과학 팬이자 철학자인 볼테르는 그를 일컬어 '창조의 정신', '우리의 크리스토퍼 콜럼버스'라 했고, 좀 오버이긴 하지만 '제물을 받기에 합당한 신'이라고까지 말했다. 볼테르는 미적분학도 대단히 시적으로 표현했다. "상상할 수 없던 미량을 정확히 수치화하고 측정하는 예술." 또 그는 뉴턴의 지적 여정 한가운데에 있는 사과 이야기를 대중화하기도 했다.

이렇게 자욱한 신화의 안개 속에서 우리는 사과 이야기를 어디까지 믿을 수 있을까?

영국 왕립 협회 기록 보관 소장 키스 무어는 말했다. "그 이야기는 분명 사실입니다만 전하면서 다듬어졌을 겁니다." 뉴턴은 스스로를 과장하는 면이 있었기 때문에 정직성을 일부 잃었을지도 모른다. 가다 서다 하며 과학은 진보한다. 사실 그가 자신의 이론을 다듬는 데만 15년이 더 걸렸다. 갈릴레

이기는 사람한테 내기를
걸고 싶다면 빨리 엄자를
불러. 나는 기사이자 전설이고
엄청 빠른 난사람이야.

나는 혼자서 다 해결하는
천재이기도 하지. 리허설은
필요 없어. 나의 명예는
만유인력의 법칙과 같아.
온 우주에 통한다는 이야기야.

이, 유클리드, 데카르트, 존 월리스, 로버트 훅, 크리스티안 하위헌스, 그 밖
에 여러 사람 업적 위에 자신의 것을 덧입혔다. 이론은 어느 순간 갑자기 나
타나지 않는다. 즉 뿌리가 있기 마련이다. 이론은 성장하는 것이다. 뉴턴이
정원에 있던 그 순간 갑자기 중력의 법칙을 완전히 이해한 게 아니다. 단지
자라나던 새싹에 빛이 비쳐 그 모습을 우리가 처음으로 목격했을 뿐이다.

순간 Ⅲ.
제라드 홉킨스에겐 미안하지만⋯⋯

제 3 장

버터 바른 토스트를 먹으며
느낀 찰나의 행복

미적분학이 마음을 사로잡다

영국으로 건너가 학생들을 가르치게 될 462년 전통의 사립 학교에 들어섰을 때 나는 내가 얻은 행운을 믿을 수 없었다. 매일 아침 쉬는 시간에 교사들은 교원 휴게실에 모여 차를 마시고 토스트를 먹었다. '교원 휴게실'과 '쉬는 시간'이라는 개념은 기대 이상이었다. 아침부터 파티라니! 이곳은 진정 호그와트인가? "절대 평범한 일상처럼 느껴지지 않을 것 같아요!" 나는 새 동료들에게 말했다.

그러나 곧 일상이 되고 말았다.

심리학자들은 이것을 습관화라 부른다. 다시 말해 내가 공룡의 시각을 지녔다는 뜻이다. 움직이는 것에는 반응하지만 정적인 것은 간과한다. 심지어 버터를 듬뿍 발랐는데도 말이다. 진화 심리학으로 그 이유를 설명할 수 있지만 내가 감사할 줄 모르는 놈일지도 모른다. 어쨌든 여러분은 습관화를 수학적으로 표현할 수 있다. 우리는 일정한 값의 함수에 곧 지루해진다. 그 값이

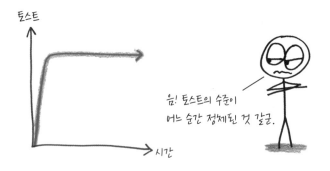

얼마이건 상관없다. 그러나 오래지 않아 우리의 관심을 끄는 변화가 나타난다. 0이 아닌 변화율이다. 좀 더 '새로운' 새로움이어야 우리의 마음을 낚아챌 수 있는 것이다.

어느 날, 나는 개운한 차가 담긴 찻잔을 들고 호밀빵 토스트를 우적우적 씹으며, 친한 영어 선생님인 제임스가 앉아 있는 소파 옆자리에 털썩 앉았다. "어떻게 지내세요?" 안부를 물었다.

제임스 선생님은 그냥 던진 질문에도 성심성의껏 대답했다.

"이번 주는 무척 좋네요. 뭐, 어려운 일도 있지만 점점 나아지고 있어요."

분명한 건 나는 첫째, 수학 교사이자 둘째, 인간이다. 즉 제임스 선생님 말에 다음과 같이 반응했다. "음, 그럼 선생님의 행복 함수는 높지도 않고 낮지도 않은 중간값을 나타내고 있군요. 물론 1차 도함수는 양이지만요."

제임스 선생님은 내가 쥐고 있던 토스트를 탁! 쳐 내고 머리에 차를 부으며 "우리 모르는 사이로 지냅시다!"라고 말할 수 있었다. 그러나 그는 미소를 띤 채 나에게 다가오며 말했다.(진짜라고 맹세한다.) "재미있는 이야기네요. 무슨 뜻인지 설명해 주세요."

"네, 그러죠." 나는 말을 이었다. "시간축을 따라 선생님의 행복 그래프를 그리세요. 선생님 함수는 값이 중간 정도예요. 그렇지만 상승하는 추세죠. 그게 바로 양의 도함수예요."

제임스 선생님은 대답했다. "알겠어요. 그럼 음의 도함수는 상황이 나빠진다는 뜻인가요?"

"뭐, 어떤 상황에서는요." 나는 얼버무렸다. 그러고는 수학자들이 으레 칭찬받듯 세세한 것을 따져 볼 생각이었다.(잠깐, 수학자들이 너무 따져서 오히려 욕을 먹는 게 아닌가?) "음의 도함수는 값이 작아진다는 의미예요. 대출금이나 육체적 고통 같은 도함수는 음인 게 좋겠죠. 그러나 행복 함수의 경우에는 음의 도함수가 좋지 않겠네요."

미분에 대한 색다른 강의였다. 대부분의 학생은 처음 미분을 접할 때 '행복' 함수라는 부드러운 심리학이 아닌 다소 딱딱한 '위치' 물리학을 통해 배우게 된다. 예를 들어 자전거를 타고 있는 자전거 선수의 위치를 p라고 해 보자. 시작점에서 p는 0이다. 0.5마일을 가면 p는 804미터가 된다.

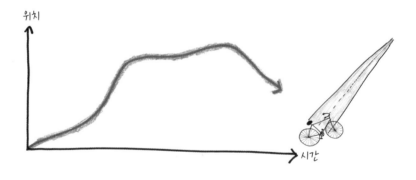

여기에서 도함수의 의미는 무엇일까? 바로 p가 주어진 시간에 얼마나 빨리 변하는지다. 우리는 그 도함수를 p'('p 프라임')이라고 하거나 '속도'라고 정의한다.

예를 들어 초속 13미터같이 큰 값은 위치가 빠르게 변한다는 걸 의미한다. 초속 0.61미터같이 작은 값은 느린 속도를 뜻한다. 만약 p'이 0이라면 위치가 변하지 않는 것이다. 즉 자전거가 멈춘 상황이다. 만약 p'이 음이라면 그때는 뒤로 가는 것이다. 즉 자전거가 반대 방향으로 가는 경우를 뜻한다.

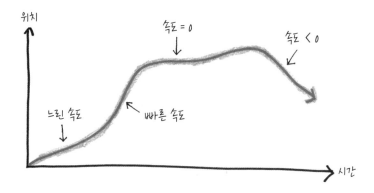

매 순간 위치를 나타내는 위 그래프로부터 우리는 매 순간 속도를 표시하는 새로운 그래프를 '유도'derive할 수 있다. 여기서 '도함수'derivative라는 말이 유래했다.

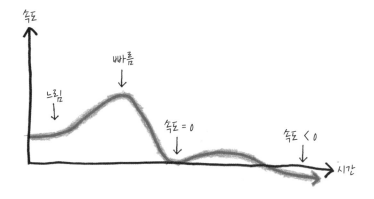

제임스 선생님은 외국 시를 배우듯 미적분학을 흡수했다. 그는 영어 교사이자 언어 전문가였고 언어가 사람의 마음을 사로잡는 힘을 잘 알았다. 미분에 관한 건조한 대화 속에서 그는 문학 작품에 담긴 투박한 번역 같은 걸 발견한 듯했다.

나는 말했다. "아, 그리고 2차 도함수라는 게 있어요."

제임스 선생님은 진지하게 고개를 끄덕였다. "네, 말씀해 주세요."

"그건 도함수의 도함수예요. 변화율이 어떻게 변하는지 말해 주죠."

그는 눈을 찌푸렸다. 충분히 그럴 만했다. 내가 설명 같지 않은 설명을 했으니까.

나는 다시 풀어서 말했다. "그러니까 선생님의 행복이 커지는 속도가 어떻느냐는 거죠. 점점 더 빨라지고 있어요? 아니면 느려지고 있어요?"

제임스 선생님은 뺨을 만졌다. "흠. 점점 빨라지고 있어요. 그러면 2차 도함수가…… 양수인 건가요? 맞아요?"

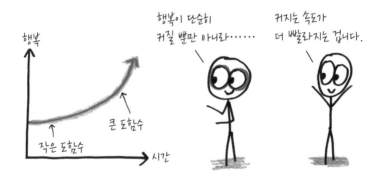

"네, 맞아요!"

"그리고 행복이 커지는 속도가 느려진다면 1차 도함수는 양이지만 2차 도함수는 음이겠네요."

"맞습니다."

제임스 선생님은 계속 말했다. "재미있네요. 친구들한테 다 알려 줘야겠어요. 근황을 물어볼 때마다 정확한 감정 상태를 숫자로 표현할 수 있다니."

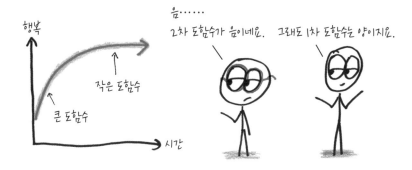

"그럼 p는 양수, p'은 음수, p''은 양수. 이렇게 말하시려고요?"

"네?" 그에겐 내 말이 퍼즐처럼 들린 것 같다. 짧고 멋없는 암호처럼. "음, 그 말은…… 저는 행복한데 행복이 줄어들고 있고…… 그렇지만 줄어드는 정도가 느려지고 있는 거네요?"

"맞습니다."

감정의 미묘한 변화를 포착하기에 수학의 언어는 투박하고 부자연스럽다. 마치 "삐리삐리, 인간은 행복!" 또는 "인간은 슬픔!"이라고 말하는 로봇 같을 수 있다. 그러나 도함수는 일종의 물리적인 상황을 잘 표현한다. 앞서 말했던 공간에서의 움직임 등을 예로 들 수 있다.

다시 자전거 문제로 돌아가 보자. 위치의 도함수는 속도다. 그렇다면 속도의 도함수는 무엇일까? 바로 가속도다.(p'' 또는 'p 더블 프라임'이라고 말한다. 약간 모순된 말인데 왜냐하면 '프라임'은 '첫 번째'를 뜻하기 때문이다.)

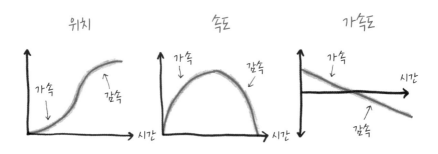

1차 도함수와 2차 도함수는 서로 다른 정보를 준다. 그 차이를 살펴보기 위해 막 이륙하는 로켓을 상상해 보자. 우주 비행사 얼굴이 강풍에 맞은 듯 뒤로 밀리고 있다. 이륙 즉시 로켓의 속도는 느리지만 굉장히 빠르게 변하고 있다. 가속이 크기 때문이다.

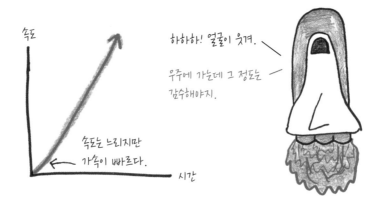

그 반대 경우도 성립한다. 순항 중인 비행기는 속도가 매우 빠르지만 꾸준하고 변함이 없다. 즉 가속도는 0인 것이다.

(다음 그림에서 볼 수 있듯 속도는 우리 몸에 많은 영향을 미치지 않는다. 생체 역학적 차이를 만드는 것은, 즉 압력을 가하고 토할 것처럼 만들고 무섭게 만들거나 흥분시키는 것은 가속도다. 가속도는 힘과 같기 때문이다.)

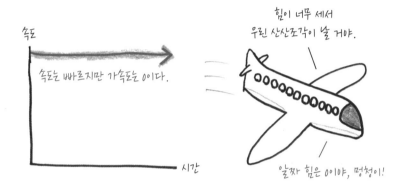

시인 로버트 프로스트는 언젠가 이렇게 기록했다. "시는 사소한 비유에서 시작된다. 예쁜 비유, '우아한' 비유 그리고 가장 심오한 비유로 이어진다." 나는 그가 도함수에서 시적인 면을 발견했을지도 모른다고 생각한다. 미분은 직설적이기 그지없으며 탄식할 만한 정확도로 단 한 가지만을 말한다. 그러나 토양은 비옥하다. 속도는 우리에게 위치 변화를 말해 주고 가속도는 속도 변화를 의미하며 적절한 도함수는 행복의 변화까지 뜻하기 때문이다.

비유에 능한 제임스 선생님은 다음으로 뭘 물어야 할지 잘 알았다. "3차 도함수는 뭐예요?"

물리학에서 3차 도함수(p''' 또는 'p 트리플 프라임')는 가가속도 또는 저크 jerk라고도 부르는데 가속도의 변화를 뜻한다. 즉 물체에 작용하는 힘의 변화다. 갑자기 급브레이크를 밟은 순간을 떠올려 보자. 아니면 로켓이 발사되는 순간이나 주먹이 얼굴을 치는 마이크로초 찰나를 상상해 보자. 새로운 힘이 가해졌다. 가속도가 변했다.

나는 아직까지 저크를 가르쳐 본 적이 없다.(jerk는 바보라는 뜻도 있다.─옮긴이) 3차 도함수는 너무 멀리 갔다. 18세기 철학자 조지 버클리는 뉴턴이 도함수를 다른 말로 표현한 유율fluxion, 流率을 인용하며 다음과 같이 기록했다. "2차나 3차 유율을 소화할 수 있는 사람은 신성한 것에 너무 까다롭게 굴 필요가 없다."

나는 제임스 선생님에게 미리 경고했다. "이해하기 어려운 거예요. 물리적으로 해석하기가 쉽지 않아요."

그러나 5분 만에 나는 광신도를 맞닥뜨렸다. 그는 열정꾼이었다. "포기하지 마세요!" 그가 소리쳤다. "3차 도함수는 간단해요. 제 행복 변화의 변화의 변화일 뿐이에요." 그의 목소리가 커지기 시작했고 다른 선생님들이 우리를 쳐다봤다. 그는 계속 말했다. "사실 전 도함수에 모든 걸 바쳐야 해요! 제 행복은 어떻게 변화하고 있는가! 변화는 어떻게 변하고 변화의 변화는 또 어떻게 변하고 있는가……. 그러면 제 친구들은 제가 아무런 말을 하지 않아도 제 기분이 어떤지 정확히 알 거예요."

나는 대답했다. "사실이에요. 만약 그분들이 정확히 선생님의 행복이 어떻게 변하는지 알고 변화의 변화의 변화 등 무한히 연속하는 도함수를 안다면 선생님의 감정 상태를 굉장히 먼 미래까지 예측할 수 있을 거예요. 도함수만 충분하다면 선생님 인생의 행복도 등락을 추측할 수도 있어요."

그는 손뼉을 치며 크게 웃었다. "바로 그거예요! 친구들에게 일일이 설명할 필요가 없어요!"

나는 조금씩 걱정됐다. "그렇지만 선생님 행복에 부정적인 영향을 미치는 거 아닌가요?"

그는 손을 내저었다. "단지 도함수로 말하고 싶다는 뜻이에요. 걔들도 알 거예요."

그때 종이 울렸다. 천국 같은 교원 휴게실에서도 가끔은 누군가를 가르쳐야 할 때가 있다. 나는 탁자에 찻잔을 두고 교실로 급히 뛰어갔다. 항상 토스트를 준비해 주고 빈 접시를 치워 주는 세라에게 고맙다 인사했다고 믿고 싶다. 그러나 나는 습관화된 괴물인 내가 감사함을 잊은 날이 있었다는 것을 똑똑히 기억한다.

음악의 신 뮤즈여, 무한소를 노래하소서.
그것이 자신을 다루는 이들을 얼마나 다투게 하고
당황케 했는지.
언제까지였는가.
마침내 한 기호가 분노를 누그러뜨리고
미적분학 새싹이 돋아날 때까지였도다.

순간 IV.
고트프리트 라이프니츠가 자신의 서사시를 밝히다

세계 공통어

미적분학이 재미를 보다

나는 수학 신조어를 좋아한다. 즉 새로운 시도를 좋아한다. 안타까운 점은 아직 '캔슬타르시스'(cancel과 catharsis의 합성어로 양변의 항이 상쇄될 때의 희열을 뜻한다.)나 '알제브레이지'(algebra와 rage의 합성어로 대수학의 작은 실수 때문에 몇 시간을 낭비하느라 차오른 분노를 가르킨다.) 같은 용어가 좀처럼 유행하지 않는다는 사실이다. 아, 이는 달리 말하면 고트프리트 라이프니츠의 위업이 내가 만든 단어보다 뛰어나다는 뜻이다. 그는 다음과 같은 수학 용어를 우리에게 선사했다.

- 상수, 변하지 않는 양
- 변수, 변하는 양
- 함수, 입력값과 출력값의 관계를 설명하는 규칙
- 도함수 또는 미분 계수, 순간적인 변화율

• 미적분, 그가 발전시킨 것과 같은 계산 체계

라이프니츠가 발명한 건 아니지만 대중화한 기호 몇 개를 더 살펴보면(예를 들어 합동을 의미하는 ≅, 비례를 뜻하는 =, 값들을 하나로 묶는 괄호 등) 21세기의 수학 기호는 그가 17세기에 닦은 길을 따라 걷는다. 그러나 이런 것들은 부차적일 뿐이다. 가장 위대한 성취는 따로 있다.

바로 문자 d 다.

d 가 뭐 어쨌다는 건가? d 를 배우기에 적합한 곳은 하버드보다 세서미 스트리트 아닌가? 전설적인 수학자 마이클 아티야는 "라이프니츠가 한 모든 일은 단지 x 앞에 d 를 넣은 것뿐이며 여러분도 그런 식으로 유명해질 수 있다."라고 농담하기까지 했다.

사실 솔직히 말해서 표기법의 혁신은 후대의 시각으로 보면 너무 당연해 보인다. 여러분은 = 기호 발명가 로버트 레코드에게 얼마나 자주 고마워하는가? 그가 없었더라면 우리는 매번 = 대신에 '~와 같다'라는 말을 반복했을 것이다. 수학 기호의 목적은 우리의 생각을 종이 위에 적도록 하는 것이다. 적절한 기호 사용은 매우 자연스러워서 그 과정이 얼마나 인위적인지 매번 인지하지 못한다. 그러니 절대 실수하면 안 된다. 마치 심오하면서 기이한 로봇 팔처럼 수학 기호는 두뇌 활동을 다른 수단으로 연장한 기술적 업적이다.

역사상 그 누구도 라이프니츠처럼 기호를 명확하게 다듬지 못했다. 컴퓨터 과학자 스티븐 울프럼은 이렇게 말했다. "내 생각에 라이프니츠의 수학적 성공은 기호에 공들인 부분이 적지 않다."

뉴턴보다 몇 년 늦은 1646년에 태어난 라이프니츠는 다방면을 탐구했다. 철학자이자 사교계의 명사였던 그를 초상화에서도 볼 수 있는데, 그림 속 모

습처럼 지적 수단으로 대형 가발을 썼던 그는 '미적분학의 발견'을 단순히 이력 한 줄 정도로 여겼다. 그는 지질학, 중국학 등에서 유럽 최고 전문가였으며 법학의 난해한 소송도 해결했다. 한 왕실 인사는 깊이 탄식하며 그를 "살아 있는 나의 백과사전"이라 일컬었다. 그는 평생 1000명이 넘는 사람들에게 1만 5000통의 편지를 썼다.

라이프니츠는 그의 독자들을 배려했다. 수학을 겉핥기식으로만 아는 사람들을 피하고자 《프린키피아》를 일부러 어렵게 썼던 뉴턴과 달리 라이프니츠는 원활한 소통을 중시했다. 그래서 그는 미적분학의 개념을 만들면서 지혜롭고 적절한 기호를 덧입혔다.

마치 d처럼 말이다.

수학에서 Δ(그리스 문자인 '델타')는 변화를 의미한다. 오늘 아침에 일어난 생생한 일을 예로 살펴보자. 여섯 달 전에는 없었던 일인데 바로 내가 조깅을 시작한 것이다.

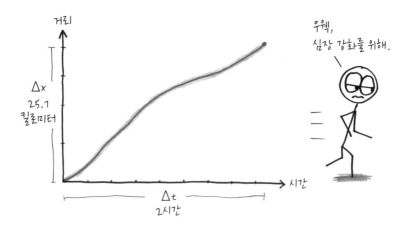

x가 집에서부터의 거리라면 Δx는 어느 시간 동안 변화한 거리다. 예를 들어 25.7킬로미터를 달렸다고 해 보자.(내 책이니까 내 마음대로 말할 수 있다.)

만약 t가 시간이라면 Δt는 내가 달리는 동안 흐른 시간이다. 두 시간을 달렸다고 해 보자.(간단한 계산하기 위해 굉장히 빨리 달렸다.)

이제 내 속력은 얼마인가? Δx를 Δt로 나누면 시속 12.85킬로미터가 나온다.

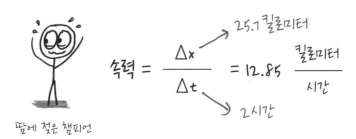

딸에 젖은 챔피언

자, 그럼 정확히 오후 1시일 때 내 속력은 얼마인가? 여러분도 기억하겠지만 미분 계수는 순간적인 변화율로 두 시간 동안 달린 거리를 분석하지 않는다. 정지 화면, 즉 단 한 순간만을 확대하는 것이다.

그러나 여기에서 다음과 같은 문제가 생긴다. 아주 짧은 순간은 시간이 흐르지 않으므로 내가 달린 거리도 없다. Δx와 Δt 모두 0이다. 0 나누기 0은 의미 있는 답을 내놓지 않는다.

그렇다면 이제 라이프니츠가 다듬은 기호를 넣어 살펴보자. Δx와 Δt 대신 우리는 dx와 dt를 다룬다. 즉 위치와 시간이 무한히 증가한다는 점을 고려한다.

따라서 미분 계수와 도함수에 대한 표기법은 $\frac{dx}{dt}$다.

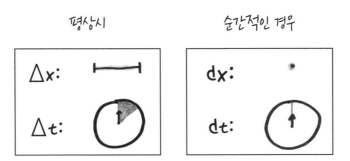

여기에 약간의 속임수가 있다. dx와 dt는 실제 숫자가 아니므로 여러분은 이 둘을 서로 나눌 수 없다. 나눗셈으로 사용된 기호는 문자 그대로의 의미만 가진 게 아니다. 이는 비유라고 볼 수 있으며 마술사의 속임수와도 같다. 그러나 이렇게 표현했기 때문에 굉장히 강력한 기호가 될 수 있었다. 하버드 대학교 수학자 배리 머주어는 라이프니츠의 기호를 중국어나 일본어 같은 준상형 문자에 비유했다. 즉 단지 의미 없는 기호가 아니라 미세하지만 본래 의미의 힌트를 준다는 것이다. 머주어는 다음과 같은 이유로 미분 기호를

'가장 좋아하는 수학 기호 중 하나'로 꼽았다. "시각적으로 따로 설명할 필요가 없기 때문이다."

하나 고백해야 할 사실이 있다. 학창 시절 나는 뉴턴이 사용한 ′(프라임) 기호를 더 좋아했다. $\frac{dy}{dt}$는 분수도 아니면서 분수인 척해서 모호하고 복잡하며 오해의 소지까지 있었다.

그러나 시간이 지나면서 라이프니츠의 기호에 숨어 있는 힘을 인정할 수밖에 없었다. d는 대단히 유연했다. 뉴턴의 프라임은 입력 변수(주로 시간) 하나만을 가정했지만 라이프니츠의 기호는 훨씬 다양하게 사용할 수 있었다. 즉 많은 변수를 선택할 수 있다.

예를 들어 경제학 수업 시간을 들여다보자. 아니다. 장난감 회사의 회의실에 들어가 보자.

여러분과 나는 테디 베어를 만든다. 그리고 어떤 가격(p)에 어떤 양(q)만큼 팔고 있다. 가격을 약간 올리면 무슨 일이 벌어질까? 일반적으로 판매량이 감소하지만 정확한 답을 얻기 위해선 도함수 $\frac{dq}{dp}$를 구해야 한다. 이는 가격 변화에 따른 순간적인 판매량 변화를 보여 준다.

사실 가격은 판매량 이외의 것에도 영향을 받는다. 우리는 TV에 a달러만큼 광고하기도 한다. 이 경우 $\frac{dq}{da}$는 광고비가 판매량에 영향을 미치는 정도를 뜻한다.

그런데 광고를 많이 할수록 제품 가격은 높아질 것이다. 즉 $\frac{dp}{da}$, 다시 말해 광고비가 가격에 미치는 영향을 조사해야 한다.

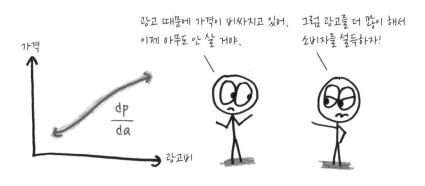

도함수를 거꾸로 뒤집으면 어떻게 될까? $\frac{dp}{dq}$? 이는 가격이 공급량 변화에 따라 어떻게 바뀌는지 보여 준다.

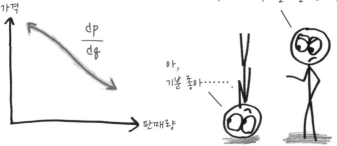

뉴턴의 프라임으로 이 많은 도함수를 모두 다룰 수 있을까? 절대 그렇지 않다. 오직 라이프니츠의 유연한 d만이 우아하고 적절하게 맡은 임무를 다 할 수 있다. 이런 이유로 라이프니츠의 기호는 '최적화'optimization라는 미적분학 최고의 결실을 맺는 데 가장 완벽한 언어가 된다.

나는 여러분을 잘 모른다. 내가 테디 베어를 파는 이유는 친구를 만들기 위해서가 아니다. 아이들이 맹수에 대한 두려움을 잊도록 곰 인형을 만드는 것도 아니다. 나는 돈을 벌러 왔다. 그러므로 나에게 가장 중요한 결괏값은 이익이다.

본질적 가치는 없는 곰 인형

이익을 극대화하기 위해서는 가격을 너무 낮게 설정하면 안 된다. 테디 베어 하나를 만드는 데 5달러가 든다고 치자. 그것을 다시 5달러에 파는 것은 자선 행위지 사업이 아니다. 5.01달러는 어떨까? 이렇게 싸다면 곰 인형을 많이 팔 수는 있지만 100만 개를 팔아 봐야 1만 달러를 벌 뿐이다.

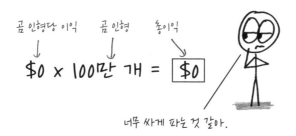

한편 가격을 너무 높게 설정해도 안 된다. 곰 인형이 개당 5000달러라면 세상 물정 모르는 억만장자나 살 수 있을 것이다. 결국 판매량이 적어 큰 이익을 거둘 수 없다.

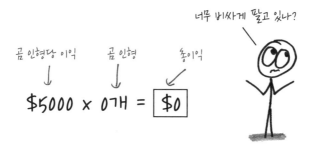

이제 우리에게 필요한 건 도함수다. 가격을 아주 조금 올린다면 이익은 어떻게 변화할까?

$$\frac{d이익}{d가격} = \quad \text{가격을 아주 조금 올리면 이익은 어떻게 될까?}$$

양의 도함수일까? 만약 도함수가 양이라면 가격을 올릴 때 이익도 함께 상승한다. 이런 경우에는 우리가 곰 인형을 싸게 팔고 있는 셈이다.

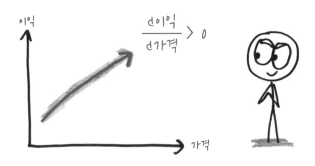

음의 도함수라면 어떨까? 도함수가 음이라면 가격을 **낮춰야** 이익을 올릴 수 있다. 그래야 더 많은 고객을 끌어들인다. 다시 말해 우리는 곰 인형을 비싸게 팔고 있다.

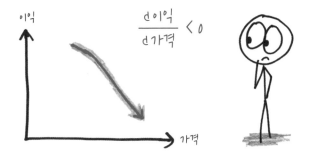

우리는 도함수가 정확히 0이 되는 특별한 순간의 가격을 찾고 싶다.

도함수가 양에서 음으로 바뀌는 지점이 바로 **최댓값**이다. 반면 **최솟값**은 반대로 도함수가 음에서 양으로 바뀌는 순간이다. 즉 논리는 단순하다. 이익

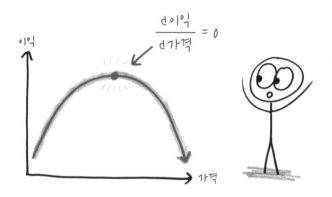

증가가 점차 느려지다가 이익이 막 감소하려는 직전까지만 가격을 올리면 된다. 그게 최선이다.

우리는 방금 최댓값을 '모든 범위'에서 정의한 것이 아니라 한정된 영역에서 정했다.(즉 우리가 정한 최댓값은 수학 용어로 극댓값이라 부른다.) 다음 그래프의 왼쪽을 보자. 값이 커지고 있다. 이번엔 오른쪽을 보자. 값이 작아지고 있다. 가운데 점인 극댓값에서는 도함수가 0이다. 이는 미시 분석을 기반으로 정의한 극댓값이다. 이런 방식으로 산 정상도 판별할 수 있다.

미적분학 역사에서 최초의 논문은 1684년에 라이프니츠가 발표한 〈최댓

값과 최솟값을 찾는 새로운 방법〉Nova Methodus pro Maximis et Minimis이다.(영어로는 New Method for Maximums and Minimums이다.) 수학자 레온하르트 오일러는 이렇게 말하기도 했다. "세상에는 아무 일도 벌어지지 않는다. 단 최댓값과 최솟값은 예외다."

20대 초반에 라이프니츠는 연금술사 협회에 가입하기도 했다.(웬 연금술이냐고? 당시는 1660년대로 모두가 연금술을 연구했다.) 연금술의 진리를 입증하기 위해 그는 연금술사들이 사용하는 용어를 목록으로 정리했다. 그리고 그것으로 길고 강렬하고 때로는 난센스 같은 신조어를 만들어 냈는데 제대로 먹혔다. 황홀해한 연금술사들은 그를 총무로 뽑았다. 그러나 놀랍게도 라이프니츠는 연금술의 사기를 금방 간파했다. 그는 몇 달 만에 협회를 탈퇴했고 '금을 만들려는 친목회'라며 그들을 비난했다.

라이프니츠의 전형적인 모습을 보여 주는 에피소드다. 우선 용어를 완전히 익혀라. 그러면 그것이 무엇이든 간에 진실이 드러날 것이다. 연금술의 복잡한 용어를 정리한 지 10년이 되지 않아 라이프니츠는 새로운 수학 용어를 고안해 냈다. 그리고 오늘날까지 수백만 명이 그 용어를 사용하고 있다.

그는 납으로 금을 만들었는가? 아니다. 더 나은 일을 해냈다. 소문자 d를 영원한 언어로 탈바꿈했으니까.

The Wisdom of Calculus in a Madcap World

순간 V.
마크 트웨인이 수학을 가르치다

제 5 장

미시시피강이
160만 킬로미터를 흐른다면

미적분학이 장난을 치다

마 크 트웨인은 《미시시피강의 생활》Life on the Mississippi 도입부에서 사람
들이 몹시도 갈망하는 이야기를 한다. 바로 통계다. 미시시피강 길
이는 약 6200킬로미터, 강 유역은 약 320만 제곱킬로미터다. 연간 퇴적물은
4억 600만 톤인데 이를 트웨인이 다음과 같이 계산했다. "미시시피강이 토
해 내는 진흙의 양은 약 3제곱킬로미터 넓이로 70미터까지 쌓을 수 있다." 이
는 대단히 실증적인 수치다. 대단히 웃겨서 칭송받기도 하고 무척 불경스러
워서 금서 목록에 오르기도 하는 책들의 저자인 그는 아마 매우 건조하게 계
산했을 것이다.

그러나 트웨인의 팬들이여, 걱정하지 마시라! 그는 이렇게 말했다. "사실을
똑바로 알라. 그러면 그것을 원하는 만큼 비틀 수 있다." 트웨인 같은 과장과
허풍의 대가는 어떤 걸로도 소설 같은 이야기를 만들 수 있다. 심지어 숫자
로도 말이다.

이렇게 세부적인 통계는 한 가지 측면에서 매우 중요하다. 내가 미시시피강의 가장 기이한 특징을 소개할 기회를 준다는 점이다. 미시시피강은 시간이 흐를수록 짧아지고 있다.

다른 오래된 강처럼 미시시피강도 완만한 곡류를 이루며 구불구불 흐른다. 어떤 구간에서는 시작점에서 직선으로 1086킬로미터 떨어진 곳까지 가기 위해 2090킬로미터를 돌아간다. 어떤 때는 강물이 넘쳐 땅 위로 흘러 완전한 고리 모양을 형성하기도 한다. 트웨인은 말한다. "미시시피강은 여러 차례에 걸쳐 단숨에 50킬로미터씩 짧아지기도 했다." 그가 책을 쓰기 200년 전에도 상류인 일리노이주 카이로에서 하류인 루이지애나주 뉴올리언스까지 흐르는 미시시피강은 하류가 짧아지며 그 길이가 1955킬로미터에서 1899킬로미터로 줄어들었는데, 이후에도 1674킬로미터, 1566킬로미터로 계속 줄었다.

여기, 이야기꾼 트웨인의 말을 들어 보자.

지질학에 이런 기회도, 이렇게 정확한 데이터도 없었다! 자, 함께 살펴보자.

176년 동안 미시시피강 하류는 389킬로미터가 짧아졌다. 해마다 평균적으로 2.2킬로미터씩 줄어든 셈이다. 그러므로 바보나 멍청이가 아닌 침착한 사람이라면 지금부터 100만 년 전인 실루리아기 당시에 미시시피강 하류가 210만 킬로미터 이상이었다는 사실을 알았을 것이며, 그 정도 길이라면 멕시코만에서도 낚싯대처럼 눈에 띄었을 것이다. 마찬가지로 지금부터 742년이 지나면 미시시피강 하류는 2.8킬로미터로 짧아져 카이로와 뉴올리언스는 하나로 합쳐지고 한 명의 시장, 단일의 공동 시의회 아래에서 운영될 것이다. 이처럼 과학에는 어떤 흥미로운 점이 있다. 사실이라는 아주 작은 투자로 이토록 많은 추측을 이끌어 내니 말이다.

트웨인은 지금 유치한 계산 놀이를 하고 있나? 전혀 아니다! 그는 심오한 기하학을 다루고 있다. 미적분학의 핵심을 이루는 기초 기하학 말이다. 기하학은 도함수를 구할 수 있도록 하고 또 유용하게 만든다. 즉 직선의 기하학을 선보인다.

자, 함께 살펴보자.

우리는 다음의 그래프 하나를 살필 텐데, 바로 카이로에서 뉴올리언스에 이르는 미시시피강 하류 길이를 각기 다른 해에 측정한 데이터다.

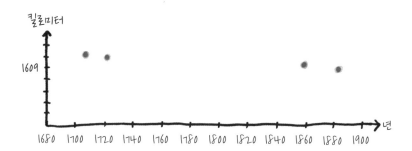

그렇다. 우리의 그래프가 드문드문 점으로 찍혀 있다. 그러나 하강이라는 패턴은 명확하다. 오늘날 통계학자들은 이런 패턴을 분석하는 유명한 기술을 갖고 있다. 바로 '선형 회귀'linear regression라는 도구로 경제학자, 전염병학자, 성급한 일반론자까지 모두가 알고 있다.

우선 그래프의 '중심점'을 구하자. 중심점의 좌표는 그래프 위에 존재하는 모든 데이터 좌표의 평균값이다.

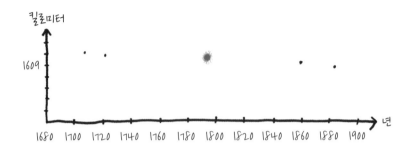

그다음 이 중심점을 지나가는 모든 직선 중에서 원래 데이터에 가장 가까이 지나가는 직선을 골라내자.

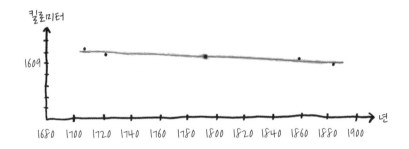

자, 어떤가! 우리는 방금 몇 개의 점만 가지고 아름다운 직선을 만들어 냈다. 이 직선은 무수히 많은 점을 포함하고 있으며 우리가 원하는 어떤 방향으로든 확장할 수 있다.

예를 들어 아주 먼 과거로도 확장이 가능하다.

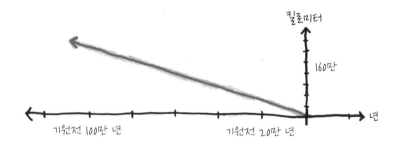

보라! 100만 년 전 미시시피강은 160만 킬로미터가 넘는 거대한 흉물이었다. 트웨인은 멕시코만 위로 쭉 뻗은 '낚싯대'라는 소심한 비유에 만족했다. 그러나 실제 모습은 지구에서 달까지 거리보다 5배나 더 길었으므로 달이 지구를 공전할 때마다 소방 호스로 물을 뿌리듯 달을 적셨을 것이다.

그래프의 직선은 양쪽으로 확장할 수 있으니까 이번에는 미래로 떠나 보자.

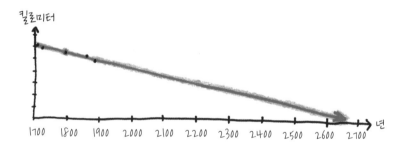

바로 그렇다! 28세기가 시작되기 직전, 미시시피강은 1.60킬로미터 이하로 줄어든다. 그러기 위해서 북미 대륙은 구겨진 종이처럼 쪼그라들어 카이로와 뉴올리언스는 마침내 강을 따라 인접한 도시가 된다. 두 도시 사이에는 804킬로미터 깊이의 균열이 생길 것이며 이는 지구 맨틀에 닿을 것이다.

여러분의 야유 소리가 들린다. 그리고 이렇게 말하겠지. "그렇게 허술한 가정 위에서 진지한 수학을 논할 수는 없지 않나요?"

'진지한' 수학이란 무엇인가? 수학은 논리적 게임이며 실없는 농담 같은 추상화다. 여러 경우에서 직선으로 단순화하는 건 필수적인 분석이다. 마치 긴 강을 뚝 잘라 내듯이 복잡한 계산을 생략할 수 있도록 도와주기 때문이다. 이런 이유로 직선은 어디서든 출몰한다. 통계 모델이나 고차원 변환, 낯선 모양의 기하학 표면, 무엇보다 미분의 본질에서도 그 모습을 찾을 수 있다.

포물선을 예로 들어 보자. 여러분이 만약 독수리 같은 눈을 갖고 있고 눈을 가늘게 떠 그래프를 정확히 바라본다면 흐릿하지만 분명한 사실을 깨달을 것이다. 포물선은 직선이 아니라는 점을 말이다.

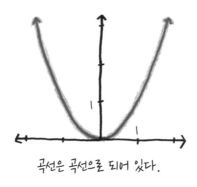

곡선은 곡선으로 되어 있다.

분명히 곡선이다. 하지만 좀 더 확대해 보자. 이제 무엇이 보이는가?

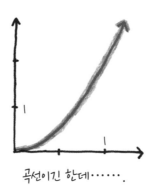

곡선이긴 한데……

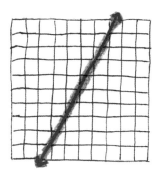

충격적인 사실: 곡선은 '실제로' 곡선이 아니다!

그렇다. 여전히 곡선이다. 그러나 덜 곡선 같은 곡선이고 덜 포물선 같은 포물선이다. 여기서 더 확대하면 무엇이 보이는지 관찰해 보자.

곡선은 순한 양 같다. 우리는 곡선을 안심시켜서 잠재운다. 그다음 곡선을 확대해 보자. 그러면 굽은 부분이 약간 확대되긴 하지만 그래도 여전히 맨눈으로 봤을 때 곡선임이 분명하다. 기술적으로도 확실히 곡선이다. 물론 어떤 실용적인 목적을 위해 직선으로 보였다면 더 좋았겠지만.

그러나 우리가 알고 있는 가장 작은 크기로, 하지만 0은 아닌 무한소의 크기로 확대해 보면 곡선은 우리가 찾고 있는 것으로 변한다. 즉 적어도 우리 상상 속에서는 직선이 된다.

자, 이게 미분과 무슨 상관이 있는가? 모든 면에서 관계가 있다.

여러분도 기억하겠지만 미분은 특정 순간의 변화율이다. 예를 들어 도함수는 정밀한 어느 순간에 미시시피강 길이가 어떻게 바뀌는지 보여 줄 수 있다.

그러나 길이는 꾸준히 변하는 게 아니다. 한동안 같은 길이를 유지하다가 갑자기 어느 순간 짧아지고 그 후 완만히 늘어난다. 우리는 인간으로서 유유히 흐르는 미시시피강을 받아들일 수 있지만 수학자로서는 분명 그럴 수 없다. 그토록 불규칙한 강가에서 우린 어떻게 계속 살 수 있을까? 순간적으로만 바뀌는 강의 변화율을 어떻게 구할 수 있을까?

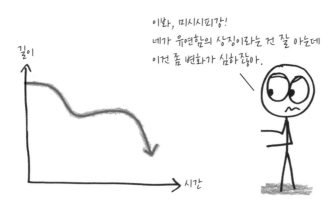

답은 간단하다. 포물선과 동일하게 확대하면 된다. 무한소 크기까지 확대하다 보면 곡선은 직선이 되고 우리는 미분 계수를 구할 수 있다.

따라서 모든 미분은 단순한 관찰, 즉 확대하면 **직선화된다**는 선형화를 뒤따른다.

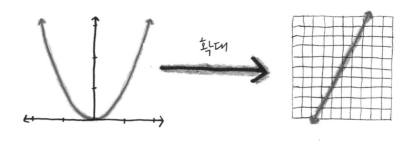

멀리서 보면 지구는 평평하지 않다. 지구를 평평하게 바라보면 메르카토르 도법처럼 왜곡을 일으키게 된다. 메르카토르 도법은 258만 제곱킬로미터가 채 안 되는 그린란드를 거의 3107만 제곱킬로미터에 가까운 아프리카와 비슷한 크기로 보이게 했다. 확대해서 보면 어떨까? 충분히 확대하면 곡면은 사라진다. 내가 일리노이주 카이로부터 켄터키주 콜럼버스까지 미시시피강을 따라 걸으면 그 거리는 지구 둘레의 0.08퍼센트인 약 32킬로미터에 지나지 않는다. 이 경우에는 평평한 지도가 완벽히 들어맞는다.

앞서 트웨인은 일부 직선을 전체 직선으로 오해하는 잘못을 저질렀다. 즉 일부가 아닌 전체를 직선화해 버렸다. 사실 트웨인은 그저 농담을 던진 것뿐이지만 사람들이 그의 말을 진지하게 받아들인 것이 문제였다. 조던 엘렌버그는 《틀리지 않는 법》에서(난 그의 책에서 이번 장 아이디어들을 몇 개 훔쳐 왔다.) 정곡을 찌르는 오해의 예시를 보여 줬다. 학술지 〈비만〉Obesity에 실린 2008년 논문에 따르면 2048년까지 미국 성인 중 과체중이거나 비만인 사람의 비율이 무려 100퍼센트에 이를 것이라고 한다.

이 논문 연구자들은 선형 모델을 지나치게 확장해 버렸다. 지구를 뚫고 나가 우주까지 도달할 지경이다.

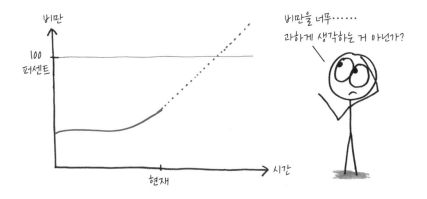

또 다른 사례가 있다. 2004년 〈네이처〉는 올림픽 육상 100미터 경주에서

여자 선수 기량이 남자 선수 기록을 추월할 것이라는 내용의 논문을 실었다.

"현재 추세가 계속 이어진다면 2156년 올림픽에서 여성이 남성보다 빨라질 것이고 그때쯤이면 모두 8초대 기록을 남길 것이다."

아하, 2156년 올림픽은 아마도 우주에 있는 파리나 달에 있는 뉴욕, 아니면 구글 민주주의 공화국에서 열리겠지만 조심스럽게 예상하기로 '현재 추세'는 계속 이어지지 않을 전망이다. '현재 추세'를 항상 직선으로만 바라본 결과이기 때문이다. 그러나 역사에는 늘 굴곡이 있었다. 똑같은 방식으로 고대 그리스까지 직선적으로 추론해 보면 당시 전사들은 100미터를 40초대에 뛰었다는 이야기일까? 이는 뛴다기보다 걷는 것에 가까운 속도로 오늘날 루이지애나주에 사는 101세 할머니의 보폭에 걸맞다. 미래의 모습은 더 이상하다. 100미터 금메달 기록은 계속 짧아져서 드디어 〈스타트렉〉에서 달성하는 위업에 도달한다.

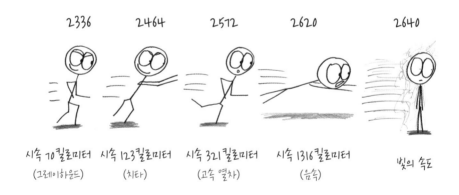

2336   2464   2572   2620   2640

시속 70킬로미터   시속 123킬로미터   시속 321킬로미터   시속 1316킬로미터   빛의 속도
(그레이하운드)   (치타)   (고속 열차)   (음속)

인생은 미시시피강과 같다. 흐르고 굽이친다. 확대해서 보면 올곧지만 전체 풍경은 끊임없이 굽어 있다.

마무리하며 《미시시피강의 생활》 마지막 구절을 인용했다. 강 삼각주에 있는 퇴적물에 관한 것이다.

진흙이 점점 더 쌓인다. 서서히 쌓인다. 이미 흘러간 지난 200년간 2분의 1킬로미터 정도가 늘었다……. 과학적인 사람들의 생각으로는 언덕이 끝나는 배턴루지 강어귀와 그곳에서부터 멕시코만 사이의 땅 321킬로미터가 모두 강물에 의해 퇴적된 것이다. 따라서 우리는 손쉽게 그 땅의 나이를 계산할 수 있다. 즉 12만 년이다.

여기 또 다른 선형 모델이 있다. 트웨인은 200년을 확대했다. 지질학적으로는 짧은 순간이지만 그동안 퇴적지는 2분의 1킬로미터가 늘었다. 연간 2.5미터의 속도다. 그러므로 트웨인의 생각처럼 거꾸로 추론하면 삼각주가 321킬로미터만큼 쌓일 때까지 약 12만 년이 걸렸다.

아, 트웨인은 〈비만〉 연구자들과 똑같은 실수를 저질렀다. 그러나 실상을 따져 보면 그는 늘 그런 식으로 무리한 선형 분석을 비꼬아 풍자했다.

우리가 알기로 미시시피강은 마지막 빙하기 이래로 존재해 왔다. 즉 불과 1만 년 전부터 흐르고 있었다. 트웨인의 선형 모델은 우주 깊숙한 곳까지 뻗어 나가는 강처럼 과거로 10만 년을 거슬러 올라갔다. 그는 미분 계수가 단 한 순간만을 표현한다는 사실을 잊은 채 영원이란 답을 요구하고 있다.

그런데 악당은 어디로 갔지?
왓슨, 흔적이 없어.
단서가 전혀 없어!

순간 VI.
셜록 홈스가 운동학과 씨름하다

제6장

셜록 홈스와 엉뚱한 방향을 가리키는 자전거

미적분학이 미스터리를 풀다

아서 코넌 도일의 소설 〈수도원 학교의 모험〉The Adventure of the Priory School 에서는 영국 고급 기숙 학교에 재난이 닥친다. 부유한 공작의 열 살 난 아들이 갑자기 기숙사에서 사라졌다. 없어진 것은 그뿐만이 아니었다. 독일어 교사, 자전거 한 대, 출신이 다양한 학생들에 대한 의무까지 사라졌 다. 현지 경찰이 어찌해야 할지 몰라 갈팡질팡하는 가운데 절망적인 교장이 비틀거리며 소설 속 가장 뛰어난 탐정이 살고 있는 베이커 거리 221B로 향 한다.

"홈스 씨. 전력을 다해 사건을 해결해 주시길 부탁드립니다. 당신 인생에 다시는 이런 급박한 사건이 없을 겁니다."

몇 시간 후, 셜록 홈스와 왓슨 박사는 '큰 황무지 언덕'을 조사하다가 첫 번째 단서를 발견한다. 비에 젖은 오솔길에 얇은 자전거 바퀴 흔적이 찍혀 있 었다. 그 순간 홈스가 추리를 시작한다.

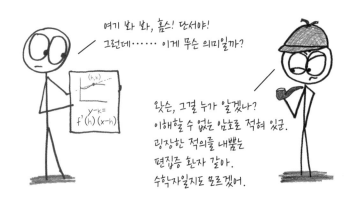

여기 봐 봐, 홈스! 단서야!
그런데…… 이게 무슨 의미일까?

왓슨, 그걸 누가 알겠나?
이해할 수 없는 암호로 적혀 있군.
굉장한 적의를 내뿜는
편집증 환자 같아.
수학자일지도 모르겠어.

"자네도 보듯이 이 흔적은 학교 쪽에서 온 것이네."

"학교로 향할 수도 있지 않은가?"

"아니야, 왓슨. 뒷바퀴가 더 깊숙이 찍히는 걸 생각하게나. 무게가
그쪽으로 실리니까. 곳곳에 앞바퀴가 만든 얇은 흔적 위를 뒷바퀴
가 가로지른 자취가 남아 있어. 학교에서 멀어지는 방향이야."

놀라운 물리학이다! 기하학의 천재 아닌가! 그러나 여기에는 문제가 약간
있다. 둘의 영리한 대화에 숨어 있는 것을 간단한 다이어그램으로 분명히
밝혀 본다.

85쪽 상단 그림을 보면 두꺼운 선이 얇은 선을 가로지른다. 그런데 이 그
림만 보고 자전거가 어느 방향으로 가는지 알 수 있겠는가? 알 수 없다. 저
런, 홈스는 그답지 않게 실수를 저질렀다. 뒷바퀴는 항상 앞바퀴(흔적)를 가
로지른다. 그러므로 자전거 방향은 알 수 없다. 앞바퀴는 좌우로 움직이고
뒷바퀴는 고정되도록 설계된 자전거의 단순한 결과다.

홈스는 어떻게 이런 옥의 티를 남겼을까? 수학과 교수 에드워드 벤더는
이렇게 말했다. "아마도 최근에 아편을 많이 피웠나 봅니다." 누군가는 코넌

84

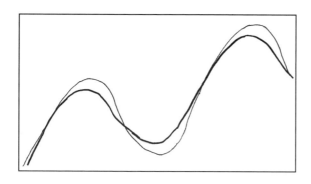

도일을 비난하겠지만 나는 홈스가 스스로 책임져야 한다고 생각한다. 어른답게.

다행스럽게도 아들을 찾는 공작에겐 바퀴 자국으로 자전거의 방향을 추측할 수 있는 정확한 방법이 있었다. 바로 단순하면서도 강력한 미분 개념인 접선이다.

단어 'tangent'접선와 'tangible'만질 수 있는, 'tango'탱고는 모두 접촉, 애무라

는 뜻의 라틴어 tangere에서 유래했다. 수학에서 접선은 단 하나의 점만을 스쳐 지나간다. 찰나의 시간 동안 접선은 곡선의 순간적인 방향을 가리킨다. 즉 곡선의 미분과 같다.

예를 들어 아래 곡선이 자동차가 지나간 길을 의미한다면 접선은 자동차 헤드라이트의 방향을 뜻한다.

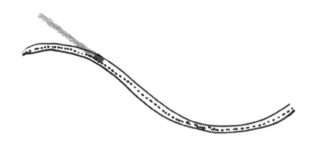

좀 더 극적인 예를 보고 싶다면 돌에 줄을 묶어서 머리 위로 빠르게 돌려보자. 그리고 줄이 끊어질 때까지 반복하며 기다리자. 줄이 끊어지는 순간 돌은 직선으로 날아갈 것이다. 바로 그 순간의 접선 방향으로 말이다.

그렇다면 이제 자전거는 어떻게 움직일까? 뒷바퀴는 고정되어 있으니 어느 주어진 순간에 앞바퀴를 뒤따라간다. 즉 다시 말해 뒷바퀴의 순간적인 방향은 앞바퀴의 현재 진행 방향을 따른다.

앞바퀴는 어느 방향이든 바라본다.

뒷바퀴는
앞바퀴를 바라본다.

퍼즐을 풀며 이 사실을 확인해 보자. 바퀴 흔적의 두께도 모른 채 우리는
앞바퀴와 뒷바퀴를 구분할 수 있을까?

홈스 씨, 참 쉽죠! 접선이 원래 방향에서 바깥쪽으로 향하는 바퀴 흔적
을 찾으면 간단하다. 즉 자전거가 전엔 지나가지 않았던 방향 말이다. 뒷바
퀴가 여러 방향을 볼 수 있을까? 절대 그럴 수 없다. 뒷바퀴는 항상 앞바퀴 쪽
으로 눈을 향하고 있다. 따라서 접선이 바깥쪽으로 향하는 바퀴 흔적이 바
로 앞바퀴다.

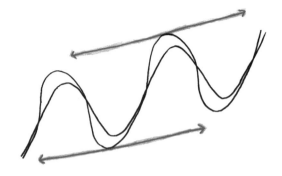

이제 6000파운드짜리 질문이다. 소설 속 공작이 홈스에게 주기로 한 금액이기도 하다. 자전거는 어느 방향으로 가고 있을까?

가능성은 단 두 가지뿐이다. 먼저 왼쪽에서 오른쪽으로 이동했다고 하자. 그리고 앞바퀴 경로와 교차할 때까지 뒷바퀴 경로에 접선을 그려 보자.

앞바퀴와 뒷바퀴 경로 사이 접선 길이는 실제 자전거 길이를 나타낸다. 그런데 여기서 보면 그 길이가 들쭉날쭉하다. 그렇다면 자전거가 이동 중에 스프링처럼 늘었다 줄었다 한단 뜻일까? 그런 자전거를 타려면 말도 안 되게 출중한 운전 실력이 필요하다.

〈수도원 학교의 모험〉에도 적절한 대사가 나온다.

나는 외쳤다. "홈스, 이건 불가능해."

"훌륭해!" 그는 말을 이었다. "그 말이 아주 정확해. 내가 뭐랬어, 이건 불가능해. 어떤 면에서는 내 추측이 틀렸다고 할 수 있지……. 어디서부터 잘못되었는지 말해 줄 수 있겠나?"

우리는 어떤 것이 오류인지 확실히 안다. 답은 남은 하나다. 자전거가 오른쪽에서 왼쪽으로 이동한 것이다.

와! 이번에는 접선의 길이가 모두 똑같다. 그러므로 자전거 길이는 변하지 않으니 설명은 타당하고 우리는 자전거 방향까지 결론지을 수 있다.

이는 추론의 대전환 아닌가? 우리는 바퀴 흔적에서 확실한 증거를 찾아냈다. 암호 같은 기하학에서 꾸밈없는 진실을 추출했다. 물리적인 증거를 면밀히 살폈고 추상적인 논리를 신중히 펼쳤다. 이것이 바로 셜록 홈스식 추리라할 수 있다. 그리고 그 방식이 우연치 않게 고등 수학과 일치한다.

홈스와 수학 사이의 관계는 자명하다. 마치 거울을 사이에 두고 서로를 마주한 모습이다. 그래서 코넌 도일은 논리적이고 날카로운 눈을 가진 탐정의 숙적으로 수학 교수 모리아티를 고안해 냈고 이렇게 묘사했다. "어둠의 황제는 천재이자 철학자이고 추상적 사고를 하는 인물이다. 그의 책 《소행성

역학》The Dynamics of an Asteroid에는 과학계에서 그 내용을 제대로 비판할 사람이 없을 정도로 높은 수준의 순수 수학이 담겨 있다."

모리아티가 바퀴 흔적을 보고 재빨리 어떻게 대응했을지 상상하면 낙담할 수밖에 없다. 홈스의 적은 접선을 알고 있었을 것이다.

나는 이 자전거 퍼즐을 시오번 로버츠가 재미있게 쓴 존 콘웨이 전기《게임 천재》Genius at Play에서 읽었다. 가장 기억에 남은 것은 수학자 세 명이 프린스턴 대학교에서 실험적인 수업을 하기 위해 팀을 이뤘다는 내용이었다. 그수업은 '부차적이고 파격적이었으며 수학과 시를 동시에' 가르치기도 했다. 수업 이름은 '기하학과 창의력'. 스무 명 정도가 신청하리라는 예상과 달리아흔두 명이나 몰려들었다. 로버츠의 말대로 학생들은 수업을 통해 충분히보상받았다.

세 교수는 강의실로 들어올 때마다 어떤 의식을 행했다. 깃발을 들고 들어오기도 하고 자전거 헬멧을 쓰기도 했으며 다각형과 거울, 손전등, 슈퍼마켓에서 산 신선한 채소가 담긴 수레를 끌고 들어오는 등 화려한 볼거리를 펼쳤다······.

어느 날 교수들은 '둘둘 말린 큰 종이'를 가져와 가로 2미터, 세로 6미터 크기로 잘랐다. 그 후 바퀴에 페인트칠한 자전거를 타고 종이 위를 가로질렀다. 실물 크기의 자전거 바퀴 퍼즐이 학생들 눈앞에 놓였다. 학생들은 셜록 홈스처럼 자전거가 어느 방향으로 움직였는지 알아내야 했다.

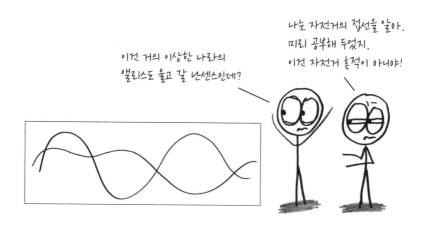

그러나 교수들은 모리아티조차 당황할 만한 계책을 숨겨 두었다.

그러나 어떤 바퀴 흔적은 학생들을 몹시 당황시켰다. 피터 도일 교수가 외바퀴 자전거를 타고 종이 위를 두 번 지나갔기 때문이다.

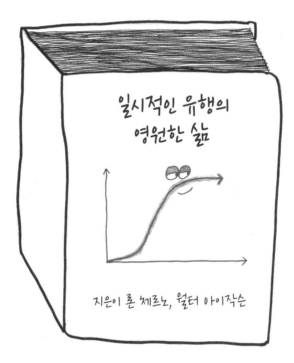

일시적인 유행의
영원한 삶

지은이 론 체르노, 월터 아이작슨

순간 VII.
새로 나온 베스트셀러

제7장

근거 없는 유행학 개론

미적분학이 유행을 기록하다

이 번 장은 대유행에 관한 이야기다. 뭐가 그리 유행이었는지는 여러분 판단에 맡기겠다. 훌라후프, 루빅큐브, 다마고치, 아이폰…… 유행하는 게 꼭 장난감일 필요는 없다. 언어의 변화, 신기술, 소셜 네트워크, 암 질병의 증가, 토끼 개체 수의 폭발 등 여러 가지일 수도 있다. 그게 무엇이든 여러분의 마음을 빼앗았다면 유행이 늘 그렇듯 곧 모두의 마음을 사로잡게 된다.

어떻게 그렇게 되죠? 여러분은 침을 튀기며 묻는다. 어떻게 한 상품이 모두가 갖고 싶어 하는《골라맨, 네 맘대로 골라라》Choose Your Own Adventure 처럼 유행할 수 있죠?

왜냐하면 그것이 곡선에 관한 이야기이기 때문이다. 다음 곡선을 함께 살펴보자.

로지스틱 성장 곡선이라 불리는 이 패턴은 기초 미적분학의 엄청난 업적일

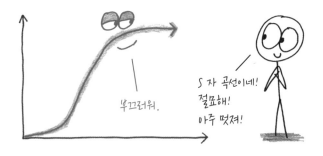

뿐 아니라 가장 뛰어난 고전 수학 모델 중 하나다. 그리고 모든 고전이 그렇듯 3막으로 펼쳐진다.

제1막 가속이다.

유행이 시작할 때는 진정한 유행이 아니다. 아직 다듬어지지 않은 야생의 상태다. "저는 돌을 반려동물처럼 팔 겁니다." 어떤 미친 사람이 말했다.(게리 달은 미국에서 애완용 돌을 팔아 백만장자가 되었다.—옮긴이) 또 어떤 이는 이렇게 말했다. "저는 팔을 이용해 춤을 추는 안무를 짤 거예요. 전 세계는 외칠 겁니다. 헤이, 마카레나!" 이런 경우도 있다. "얼굴로 책을 만들 거예요. 저는 저커버그입니다. 세상의 파괴자죠."

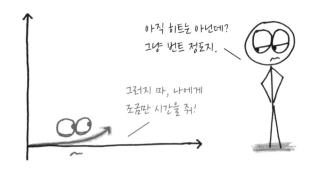

이들은 선견지명이 있었을까? 아마도. 그러나 처음에는 성장 속도가 신통

치 않았을 것이다.

상황은 보이는 것만큼 그렇게 절망적이지 않다. 이 힘든 초창기에도 실제로는 기하급수적으로 성장한다.

'기하급수적'이라는 말은 수학 용어치고 제법 널리 일상적으로 사용된다.(예를 들어 '내적'inner product이나 '이분 그래프'bipartite graph라는 말은 아직 유행하지 못했다.) 그러나 늘 그렇듯 인디 밴드가 유명해지면 고유의 맛과 특성은 사라져 버린다. 사람들은 '기하급수적'이라는 말을 '매우 빠르게'라는 뜻으로 사용한다. 그러나 본래 의미는 좀 더 엄밀하고 놀랍다. 즉 무언가의 성장이 자신의 크기에 비례한다는 뜻이다.

다시 말하면 그 대상이 클수록 성장도 빠르다.

선형적 성장에서는 같은 시간마다 동일한 양만큼 자라난다. 1년에 하나씩 그어지는 나이테처럼 어떤 경우에는 선형적 성장이 느릴 수 있다. 그러나 또 어떤 경우에는 빠를 수 있다. 〈잭과 콩나무〉 속 콩나무처럼 밀리초마다 나이

테가 새로 생기듯 말이다. 이런 사례에서 중요한 건 속도가 아니라 일관성이다. 성장률이 변치 않는다면 그것은 선형적이다.

이와는 대조적으로 수익이 매달 8퍼센트씩 성장하는 스타트업을 살펴보자. 초반 8퍼센트는 보잘것없다. 그러나 회사 규모가 확대되면 같은 8퍼센트라고 해도 그 수치가 점점 커진다. 일단 아홉 달마다 수익이 2배로 늘어나고, 10년이 지나면 한 달에 1000달러를 벌던 애벌레가 한 달에 800만 달러를 거둬들이는 나비로 탈바꿈한다. 거기서 10년이 더 지나면 한 달에 1조 달러의 수익을 내는 괴물이 된다. 전 세계 국내 총생산GDP의 15퍼센트에 달하는 수치다. 이것이 바로 기하급수적 성장이다.

여러분은 다음 두 식에서 뚜렷한 차이를 찾을 수 있다.

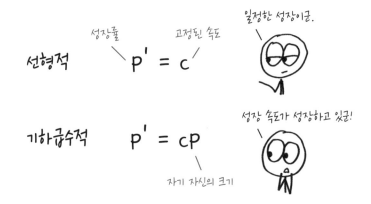

물론 기하급수적 성장이 영원할 수는 없다. 그랬다면 모든 유행이 우주를 완전히 집어삼켰을 것이다. 우주를 뒤흔든 유행은 이제껏 비니 베이비Beanie Babies(미국의 유명한 봉제 인형—옮긴이)와 대빙dabbing(두 팔을 들어 한 방향으로 추어올리는 동작으로 힙합 가수들이 자주 보여 준다.—옮긴이), 단 두 번뿐이었다. 이제 우리는 제2막 변곡점에 들어서야 한다.

'기하급수적'이라는 말처럼 '변곡점'이란 용어도 수학책 밖으로 널리 퍼져 일상어가 되었다. 나는 수학 용어 유행을 쌍수 들고 환영하지만 여기서 분명히 짚고 넘어가야 할 게 있다. 변곡점을 '성장이 갑자기 폭발하는 순간'이라는 뜻으로 사용하는 건 원래 의미를 거꾸로 이해한 것이다.

로지스틱 성장 곡선에서 변곡점은 빠른 성장이 시작되는 순간이 아니다. 그보다는 성장률이 절정에 달했다가 천천히 감소하기 시작하는 찰나를 가리킨다.

여러분이 기억하듯 미분은 그래프가 어떻게 변하는지를 말해 준다. 양의 도함수? 증가를 뜻한다. 음의 도함수? 감소를 말한다.

2차 도함수는 1차 도함수, 즉 성장률이 어떻게 변하는지를 표현한다. 양의 2차 도함수? 이는 우리의 성장 속도가 더 빨라진다는 뜻이다. 음의 2차 도함수? 이는 성장 속도가 느려진다는 의미다.

변곡점은 2차 도함수 부호가 음에서 양으로 또는 양에서 음으로 바뀌는 바로 그 순간이다. 열차 속도가 점점 빨라지더라도 결국은 가속이 느려지는 순간이 오는 것과 동일하다.

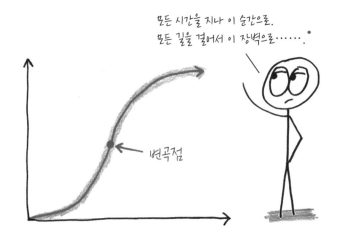

변곡점은 유행하는 과정에서 특별한 순간이다. 모든 정점이 그러하듯 승리를 거둬 기쁜 동시에 슬픈 찰나다. 인스타그램을 예로 들면 가입자가 가장 많이 등록된 달과 같다. 인스타그램 입장에서는 아직 가입자 수가 최대로 늘어난 게 아니라 가장 빠른 속도로 늘어난 것뿐이다. 이제 그래프에서처럼 변곡점 이전을 거울 대칭으로 되풀이하는 것만 남았다. 즉 변곡점 이전에는 성장 속도가 점점 빨라졌다면 변곡점 이후에는 점점 느려진다.

이제 제3막 포화에 접어들 시간이다.

이제 유행은 쿨하지 않다. 부모님도 유행을 알아 버렸다. 할머니도 알아 버렸다. 심지어 대중문화와 담쌓고 지내는 수학 선생님조차 유행에 올라타

• 캐서린 피셔의 《인카세론》Incarceron 중에서―옮긴이

려 한다. 얼리 어답터들의 자랑거리였던 것이 이제는 비웃음거리가 되었다. 역설의 왕자 요기 베라는 이렇게 말했다. "이제 아무도 그리로 가려 하지 않는다. 너무 붐비기 때문이다."

기하급수적 그래프에서는 성장이 자기 자신의 크기에만 비례했던 것을 기억하는가. 로지스틱 성장 곡선에서는 한 가지가 더 추가되었다. 성장이 자기 자신의 크기뿐만 아니라 최대 크기까지와의 차이에도 비례한다.

따라서 최대 크기에 가까워질수록 성장은 둔화한다.

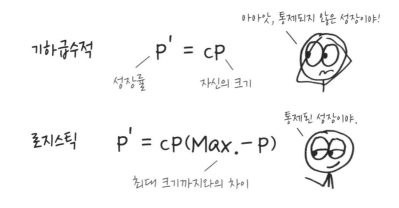

기하급수적 $P' = cP$

성장률   자신의 크기

아아앗, 통제되지 않은 성장이야!

로지스틱 $P' = cP(Max. - P)$

최대 크기까지와의 차이

통제된 성장이야.

숲에서는 한정된 수의 토끼만이 살아갈 수 있다. 경제적으로도 한정된 수의 전기차만을 감당할 수 있다. 인간의 눈은 한정된 횟수만큼만 유튜브에서 〈강남 스타일〉 뮤직비디오를 볼 수 있다. 모든 시스템은 자원이 유한하다. 돌고래나 고릴라가 새로운 가입자가 되지 않는 한 페이스북 이용자 수도 총인구 수를 넘을 수 없다.

좀 더 구체적인 설명을 위해 화학으로 넘어가 자가 촉매 반응을 살펴보자.

화학에서는 모든 종류의 반응을 탐구한다. '폭발 반응', '거품이 나는 반응', '색깔이 예쁜 반응' 등을 연구하다 보면 때때로 반응 속도를 빠르게 해

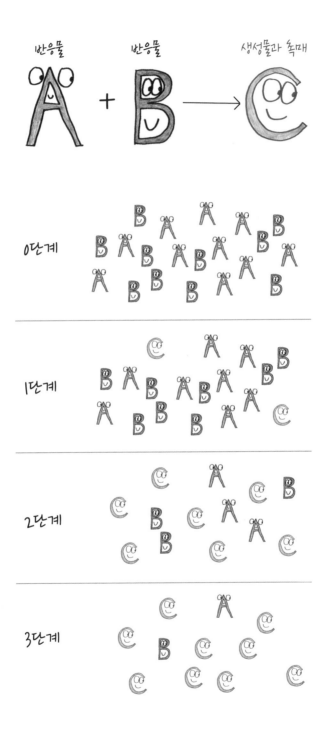

주는 물질들을 사용하곤 한다. 그것을 '촉매'라고 부른다.

몇몇 반응에서는 화학 물질이 스스로 촉매를 만들기도 한다. 그렇게 되면 양의 피드백 순환이 일어난다. 무슨 말이냐면 촉매를 더 많이 생성할수록 촉매를 만들어 내는 속도가 더 빨라지는 것이다. 그렇게 촉매가 계속 더 빨리 자신의 수를 늘리면 화학 반응이 부글부글하다가 결국 폭발하기에 이른다. 그러나 그런 순환이 영원히 지속될 수는 없다. 반응물의 양이 점점 줄어들기 때문에 촉매를 만들어 낼 물질도 점점 바닥나고 결국에는 촉매만 남게 된다. 즉 화학 반응이 느려진다.

유행도 같은 식이다. 유행이 퍼질수록 더 많은 사람에게 빠르게 알려진다.

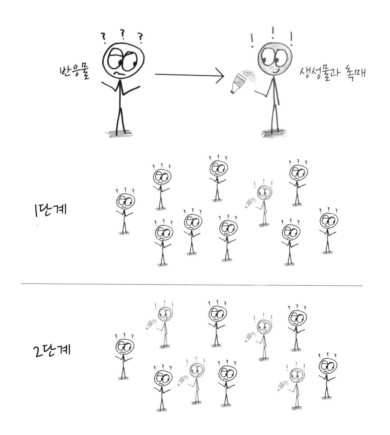

피드백 순환은 적어도 잠깐은 유행을 기하급수적으로 성장시킨다. 그러나 곧 사람들이 유행에 지치기 시작하면 유행을 알리는 사람은 많은데 새로 유행을 따르려는 사람은 적어진다. 촉매는 넘치는데 남아 있는 반응물이 없는 셈이다.

여러분이 만약 화학 용어를 좋아한다면 유행은 마치 인간의 자가 촉매 반응이라 할 수 있겠다.

수학 모델은 두 진영으로 나뉜다. 기계적 모델mechanistic model은 원리를 구체적으로 나타낸다. 마치 장난감 비행기에 실제 비행기 엔진을 크기에 맞게 축소해 장착한 것과 같다. 반면 현상적 모델phenomenological model은 외형의 유사함을 추구한다. 즉 장난감 비행기가 진짜처럼 멋지지만 날지 못하는 것과 같다.

이번 장에서 설명한 로지스틱 성장 곡선을 실제로 테스트하기 전에 여러분은 아마 이렇게 물을 것이다. "로지스틱 성장 곡선은 기계적 모델과 현상적 모델 중에서 어떤 쪽인가요?"

실리콘 밸리는 '기계적 모델'이라 답할 것이다. '바이럴리티 계수'virality coefficient(유행을 따르는 각각의 사람이 새로운 사람을 끌어들이는 수)를 구체적으로 정하고 전체 시장의 크기를 계산한 다음 파워포인트로 열심히 꾸민다. 자, 여러분은 이제 투자자에게 홍보할 준비를 마쳤다.

반면 어느 저명한 생물학자 이야기도 들어 보자. 그는 로지스틱 성장 곡선으로 미국 인구수를 예측하려 한다. 20세기 초 자료를 구한 뒤 손가락 관절을 뚝뚝 꺾은 다음 인구가 대략 2억 명에서 포화한다는 결론을 내렸다. 오, 저런. 우린 이미 3억 2000만이 넘었는데?

만약 유행이 어느 시점에 포화할지 예측할 수 없다면 로지스틱 성장 곡선의 장점은 도대체 무엇일까? 단지 말로 전해지며 꾸며 낸 이야기에 불과한 것일까?

어쩌면 그럴지도 모른다. 그러나 과소평가하지 마시라. 여러분과 나는 말을 하는 피조물이다. 말은 우리 행동과 사고를 지배한다. 로지스틱 성장 곡선이 정확히 예측하지 못한다 해도 그것은 생각을 풍성하게 하고 '중요한 순간'을 포착하며 미래에 대한 힌트를 줄 수 있다.

수학 모델은 실제로 표현하기엔 너무나 복잡한 현실을 손가락으로 가리킨다. 약간의 단순화는 건전하다. 우리가 장난감을 가지고 놀기 전에 자세히 적힌 사용 설명서를 꼼꼼히 읽는다면 말이다.

순간 VIII.
퍼즐이 항복을 거부하다

제8장

바람이 남긴 것

미적분학이 수수께끼를 내다

매사추세츠주에서 맞이한 어느 화창한 11월이었다. 밝은 겨울이 가을 풍경을 점령하듯 바람이 나무에서 나뭇잎들을 휩쓸어 갔다. 나는 찻잔을 들고 영어 교사인 친구 브리애나에게 이 책 개요를 대충 쏟아 내듯 말하고 있었다. 좀 더 설명하자면 복잡한 수식이 없는 미적분학으로의 나들이였다. 얽히고설킨 계산도 없다. 아이디어와 개념은 모두 이야기로 설명된다. 이야기는 과학과 시, 철학과 판타지, 순수 예술과 평범한 일상을 모두 아우른다. 책은 써 놓지도 않고서 침 튀기며 일장 연설을 늘어놓기는 참 쉬웠다.

브리애나는 잠자코 듣고 있었다. 그는 자신이 "수학 팬이 아니다."라고 말했다. 그러나 호기심 많고 사려 깊고 예리한 사람으로 내가 만나고 싶은 '정확한 독자'였다. 대화 도중에 그는 동료 수학 교사가 말해 준 수수께끼가 떠올랐다고 했다. 그러더니 종이 위에 사각형을 그리기 시작했다.

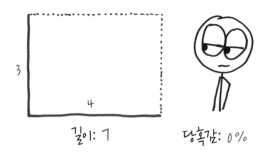

길이: 7   당혹감: 0%

"점선의 길이가 몇이야?" 그가 물었다.

"7인치. 3 더하기 4 아냐." 내가 답했다.

"좋아, 이건?" 그가 다시 물었다.

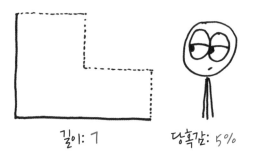

길이: 7   당혹감: 5%

"그것도 7이지. 수평선 두 개는 합쳐서 4고 수직선 두 개는 합쳐서 3이네. 아무리 잘게 잘라도 전체 길이는 변하지 않아."

"맞아, 그럼 이 점선 길이는 얼마일까?" 그가 다시 물었다.

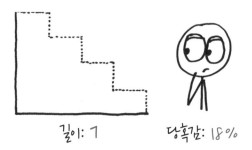

길이: 7   당혹감: 18%

"그것도 7이지, 같은 원리야."

그는 또 그림을 그렸다. "이건?"

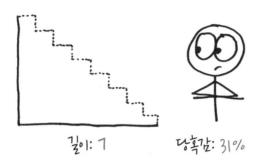

길이: 7   당혹감: 31%

"7……"

"좋아, 그럼 계단을 무한히 많이 만들면 어떻게 돼?"

길이: 5   당혹감: ∞%

나는 순간 눈살을 찌푸렸다. 어느 교과서에나 실려 있는 피타고라스의 정리($a^2 + b^2 = c^2$)에 따르면 이 경우 $a = 3$, $b = 4$일 때 $c = 5$다.

브리애나는 마이크를 내려놓듯 연필을 손에서 놓으며 말했다. "정확히 5가 돼. 자, 그럼 어디서부터 잘못된 걸까?"

그와 함께 있는 지금 이 거실에는 전직 수학 교사이자 현직 데이터 과학 사업가인 그의 남편 타일러와 수학 연구자인 내 아내 타린, 이 책을 쓰는 내가 있다. 수학 교육에 몸담아 온 우리는 경력만 도합 40년이고 각자 MIT와 UC 버클리, 예일 대학교 학위가 있다. 우리 모두 극한과 수렴, 근사 기하학geometry of approximation을 안다. 그런데 어떻게 7이 5가 된 걸까?

이 난제 앞에서 모두가 얼음처럼 굳었다. 우주가 나를 놀리는 기분이었다. 내 오른쪽 어깨를 누군가 두드렸고 그쪽으로 뒤돌아보니 아무도 없었다. 내 왼쪽 어깨에 있었던 우주는 그런 내 모습에 깔깔거렸다. 아니면 그냥 바람이 지나갔을 뿐인데 과민 반응한 건가?

"불균등 수렴nonuniform convergence일까요?" 아내가 알아듣기 어려운 말을 중얼거렸다.

"극한 자체에 문제가 있어요." 타일러가 확신하지 못하는 듯 얼버무렸다.

내가 보기에 이 문제를 놓고 여러 설명이 가능하지만 어느 하나 쉽게 이해할 수 있을 것 같지 않았다.

내가 할 수 있는 말이라고는 "음……."이 전부였다.

브리애나의 수수께끼는 미적분학의 핵심을 찔렀다. 바로 극한이라는 철학적 개념을 공격한 것이다. 극한은 무한이라는 개념의 종착지다. 물론 여러분이 반드시 극한에 딱! 도착해야 하는 건 아니다. 여러분은 극한에 가깝게 계속 다가갈 수 있다. 말로 표현하는 것보다 더 가까이 갈 수 있다. 브리애나는 여기서 극한값을 취했다. 어딘가 속임수가 있는 것 같은 값이다. 브리애나의 극한값은 동시에 두 가지 값을 가리킨다. 모순적이다. 분명 단계마다 계단 길이의 합은 7이었다. 그러다 갑자기 5로 줄었다.

이런 종류의 모순은 오랫동안 미적분학을 괴롭혀 왔다. 라이프니츠와 뉴턴 이후 세대는 그러한 모순을 발견했고 철학자 조지 버클리는 라이프니츠와 뉴턴을 비판했다. 뉴턴의 주장에 따르면 무한소 값이 0이 되기 전도 아니고 0이 된 이후도 아닌 정확히 0이 될 때 극한값을 구해야 했다. 그게 도대체 무슨 말인가?

버클리는 다음과 같이 반문했다. "이러한 무의미한 양은 도대체 무슨 의미인가? 그것은 유한한 값도 아니고 무한히 작은 값도 아니며 심지어 0도 아니다. 그러면 사라진 것들의 유령이라고 불러야 하나?"

브리애나의 수수께끼도 같은 종류의 모순이다. 또 다른 예로 정삼각형을 들 수 있다. 세 변의 길이가 모두 같으므로 붉은 선을 합한 값은 검은 선 길이의 2배라고 해 보자.

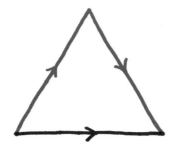

붉은 선 = 2 × 검은 선

붉은 선을 각각 반으로 잘라 아래 그림처럼 배열해 보자.

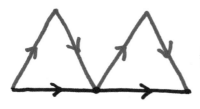

붉은 선 = 2 × 검은 선

붉은 선의 길이는 바뀌지 않았다. 단지 배열만 달리했을 뿐이다. 그러므로 여전히 붉은 선의 합은 검은 선의 2배다. 이렇게 자르고 재배열하는 과정을 반복해 보자.

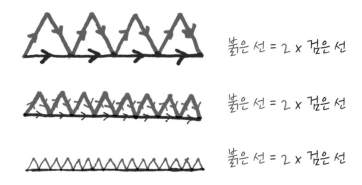

이 과정을 무한히 반복하면 붉은 선은 점점 더 검은 선에 가까워진다. 그러나 검은 선의 길이가 두 배로 늘어난 건 아니지 않은가?

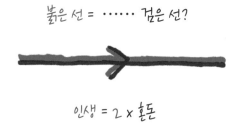

수 세기에 걸쳐 연구자들은 이 문제에 걸려 넘어졌다. 수학자이자 교수인 윌리엄 더넘은 이렇게 기록했다. "그 당시 수학을 읽는 것은 피아노를 연주하는 쇼팽의 음악을 듣는 것과 같았다. 문제는 건반 몇 개가 조율되지 않았다는 거였다. 천재의 음악성에 감탄하지만 어떤 소리는 이따금 정확한 음정이 아니었다."

당황스러운 사실은 이게 다가 아니다.

0.9, 0.99, 0.999, 0.9999……라는 수열을 보자. 각 항은 모두 정수가 아니라 분수다. 그런데 수열이 무한히 계속되면 1에 수렴한다.

그렇다면 1도 정수가 아니라는 뜻일까? 뭐라고? 그럴 리 없다. 이 예시에서 알 수 있는 건 중간 과정과 목적지는 서로 다른 모습일 수 있다는 점이다. 나무로 된 계단을 따라갔더니 카펫이 깔린 바닥이 나올 수도 있으니까.

여기 아내가 해석학 입문반 수업에서 사용하는 또 다른 예시가 있다. 평평하고 고요한 호수에 x축을 따라 삼각파가 전파되고 있다.

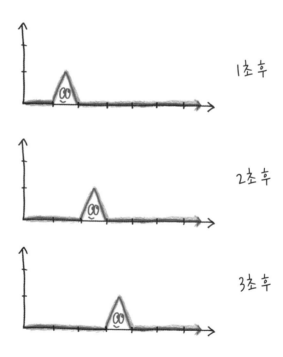

각 점은 0이었다가 삼각파가 지나갈 때 순간적으로 0이 아니었다가 다시

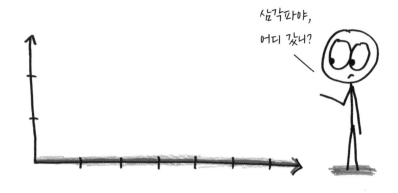

금 0으로 영원히 되돌아온다. 그러므로 각 점은 0에 수렴한다고 볼 수 있다. 그 말인즉슨 호수 전체의 극한은 평평한 수평선이 된다는 뜻이다.

그러면 삼각파는 어디로 사라졌는가? 극한이 중성자 폭탄처럼 삼각파를 날려 버렸는가?

그렇다. 극한은 가능하다.

여러분은 결코 극한에 '도달'할 수 없다. 물론 다가갈 수는 있다. 아주 가까이 가 냄새를 맡고 놀라기까지 하지만 도착하지는 못한다. 극한으로 도약하는 건 초월의 영역이다. 마치 시간에 얽매인 육체가 영원한 영혼으로 탈바꿈하는 것과 같다. 그 과정에서 모든 것이 살아남지는 못한다. 우리의 머리카락과 치아가 영혼에서도 온전히 남아 있을까?

미적분학의 기적, 즉 전 과정을 통틀어 이해할 수 없는 비밀은 바로 이런 극한으로의 도약에도 살아남는 게 있다는 것이다. 미분과 적분은 모두 극한으로 정의된다. 그런데도 역설에 빠지지 않고 제대로 잘 작동한다.

브리애나의 수수께끼 같은 문제들은 19세기 수학을 발전시켰다. 모든 학자가 미적분학에서 역설을 제거하기 위해 합심했다. 그로 인해 직관적이고 기하학적인 선배들의 업적은 이의를 제기할 수 없는 엄격한 수학으로 재개념화되었고 원래 개념 중 일부는 살아남고 일부는 자취를 감췄다.

극한을 취하는 과정이 이렇다. 가을 낙엽처럼 사라지거나 겨울 가지처럼 살아남는다.

순간 IX.

입자가 춤 실력을 뽐내다

제9장

더스티 댄스

미적분학이 식물학자를 당황하게 만들다

때는 1827년, 우리 주인공은 유쾌한 회색빛 머리칼의 식물학자 로버트 브라운이다. 그는 현미경 앞으로 몸을 구부려 야생화 꽃가루를 관찰하고 있다. 넷플릭스가 등장하기 수 세기 전, 이는 즐거운 주말 놀거리 중 하나였다. 그런데 꽃가루가 가득한 현미경 슬라이드에서 뭔가 특이한 점이 발견됐다.

댄스파티가 열린 것이다.

꽃가루에서 나온 작은 입자들이 그의 눈앞에서 진동하고 있었다. 조금씩 움직이며 자이브를 추고 팝콘처럼 팔짝팔짝 뛰었다. 마치 카페인에 중독된 토끼처럼, 꼭 친구 결혼식에서 흥분한 나처럼 그렇게 〈업타운 펑크〉에 맞춰 씰룩거렸다. 무슨 힘이 이런 움직임을 만들어 낸 걸까?

꽃가루의 생명력 때문이었을까? 정자가 꾸물거리듯 꽃가루의 성세포가 꿈틀거린 것일까? 아니다. 우선 유리에 담아 아무리 오래 보관해도 댄스를

멈추지 않았다. 게다가 화강암이나 유리 가루, 연기 입자, 심지어 이집트 기자에 있는 스핑크스에서 가져온 먼지에서도 같은 움직임이 발견됐다. 당시에도 고대 유적지에서 무언가를 자꾸 가져가는 관람객들이 말썽이었을까.

이 현상을 처음으로 발견한 건 브라운이 아니다. 그보다 한 세대 앞서 얀 잉엔하우스라는 과학자가 석탄가루가 알코올 위에서 떠는 사실에 주목했다. 약 2000년 전 로마 시인 티투스 루크레티우스는 먼지 입자가 빛을 느낀다고 서술했다. 먼 과거부터 어디서나 이 움직임이 관측되고 있었다.

그렇다면 정확히 그 원인은 무엇일까?

자, 세상은 원자로 이루어져 있다. 그리고 원자는 늘 혼잡한 움직임 속에 있다. 전자 현미경이 없다면 원자를 볼 수 없지만 우리는 원자에 충격을 받는 더 큰 입자들, 즉 스핑크스에 붙어 있던 먼지 혹은 야생화 꽃가루 등을 볼 수 있다. 디즈니랜드에 있는 커다란 공을 떠올려 보자. 그리고 이 공이 작은 구슬 수천 개의 끊임없는 집중포화에 시달리고 있다고 상상해 보자. 그러면 상황이 이해될 것이다.

어느 주어진 순간에 우연하게도 한쪽의 집중포화가 다른 쪽보다 강력할 수 있다. 그러면 입자는 한 방향으로 치우치게 된다. 다음 순간에 다른 방향으로 포화가 집중되면 입자도 새로운 방향으로 튀게 된다.

이것이 매 순간, 매 순간, 매 순간 끊임없이 반복된다.

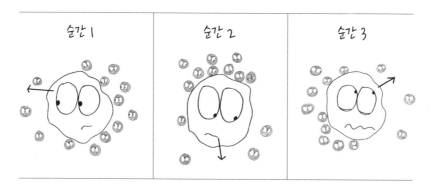

끊임없는 반복

'브라운 운동'이라 이름 붙은 입자의 춤은 난해한 특징을 보인다. 우선 무차별적이다. 즉 입자들의 움직임이 특정 방향을 선호하지 않는다. 둘째 독립적이다. 입자들이 주변 입자와는 관계없이 혼자서 춤을 춘다. 셋째 예측 불가능하다. 과거의 움직임을 추적해 보아도 미래에 어떻게 춤을 출지 알 수 없다. 그러나 아마도 가장 기이한 특징은 움직이는 방향의 변화일 것이다.

입자 방향의 변화는 수학적으로 미분 불가능하다.

용어 설명이 필요할 것 같으니 여러분이 야구공으로 변했다고 가정해 보자. 내가 여러분을 공중으로 초속 25미터로 던졌다. 여러분은 이런 공격적인 행동을 용서했고 다음과 같이 함께 고민한다. 이제 무슨 일이 벌어질까? 여러분은 대기권을 뚫고 날아가 홀로 표류하다 별들 사이를 떠돌게 될까?

걱정하지 마시라. 여러분은 중력에 영향을 받는 지구 시민이다. 그러므로 잠시 후에 여러분의 속력은 초속 15미터로 줄어들며 또 잠시 후에 초속 5미터로 느려진다. 그리고 차츰 더 느려지다가 결국 날아가는 방향을 바꿔 땅을 향해 떨어진다.

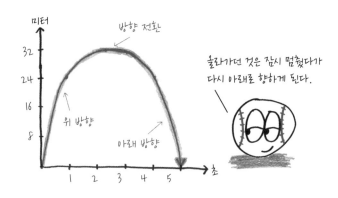

이 여정의 꼭대기에는 특이한 점이 있다. 오르는 것을 멈췄지만 아직 떨어

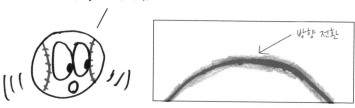

지지 않는 순간이다. 그 짧은 시간에 여러분은 초속 0미터로 '움직이고' 있다.

만약 여러분에게 로켓을 장착하면 어떻게 될까? 한때 쇠가죽으로 만든 구球였던 여러분은 이제 제트 추진식 쇠가죽 공이 되었다. 여러분은 폭발적인 속도로 올라갔다가 폭발적인 속도로 내려온다. 그렇게 되면 방향 전환에도 변화가 생길까?

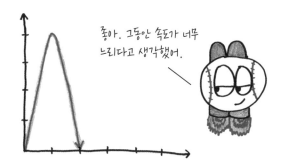

그렇지 않다. 얼마의 시간이 걸렸던 과정이 이제는 순식간으로 아주 짧게 바뀌긴 하지만 기본 패턴은 똑같다. 오르는 속도가 느려지고 아래 방향으로 떨어지기 직전에 방향 전환이 일어나는 찰나가 여전히 있으며 그 순간의 속도 또한 0이다.

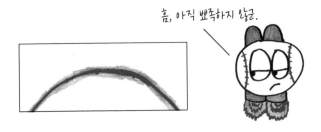

오직 수학적 상상의 나래를 펼쳐야만 아래 그림과 같은 움직임을 가정해 볼 수 있다.

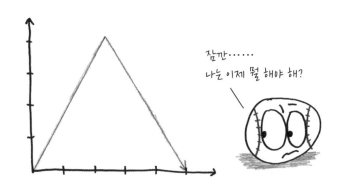

그런데 여기 좀 이상한 점이 있다. 여러분은 멈춤도 없이 '위'에서 '아래'로 곧바로 방향을 바꾼다. 몸 풀 시간은 좀 줘야 하는 거 아닌가.

그래프를 확대해도 소용없다. 최대한 가까이 가서 보든 영상을 천천히 돌려 보든 이 그래프에서 방향 전환의 순간은 여전히 별나다. 1조 분의 1초 전에 공은 초속 10미터로 올라가고 있었는데, 1조 분의 1초 후에 초속 10미터로 내려오고 있다. 가속이나 감속은 없었다. 갑자기 180도 방향을 전환했고 이해할 수 없을 만큼 갑작스럽고 불가사의하다.

전환 순간은 속도가 얼마나 될까? 실제로 그 순간의 속도는 의미가 없다.

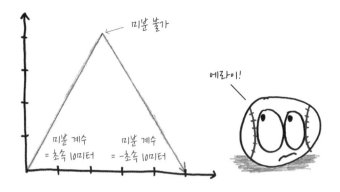

그 찰나에는 속도 자체가 없기 때문이다. 미적분학 용어로 말하자면 이게 바로 미분 불가다.

이제 다시 브라운 운동으로 돌아가 보자. 야구공으로는 할 수 없었던 일이 브라운 운동 중인 입자 세계에선 끊임없이 일상적으로 벌어진다.

미분 불가능한 고립된 점, 즉 번쩍하는 순간 일어난 방향 전환 하나만으로도 무척 괴롭다. 그러나 브라운 이후 반세기가 지나서 수학자 카를 바이어슈트라스가 무시무시한 함수를 만들어 냈다. 한두 군데가 아닌 모든 점에서 미분이 불가능한 함수였다.

바이어슈트라스의 괴물 함수에서는 모든 점이 뾰족하다.

바이어슈트라스 함수는 그리기 어렵다. 그렇지 않은가? 내가 할 수 있는 최선은 근사적으로 다가가는 것뿐이다. 1단계, 2단계, 3단계로 차츰 적용해 나가면 바이어슈트라스가 만든 고슴도치 함수에 가까이 다가갈 수 있다.

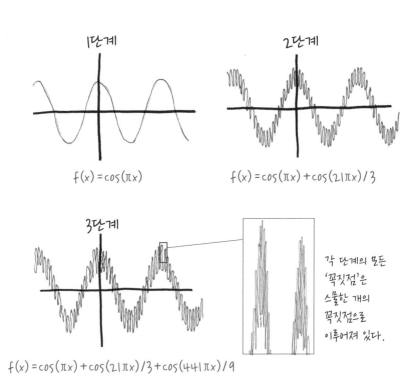

1단계

$$f(x) = \cos(\pi x)$$

2단계

$$f(x) = \cos(\pi x) + \cos(21\pi x)/3$$

3단계

$$f(x) = \cos(\pi x) + \cos(21\pi x)/3 + \cos(441\pi x)/9$$

각 단계의 모든 '꼭짓점'은 스물한 개의 꼭짓점으로 이루어져 있다.

무시무시한 바이어슈트라스의 함수에 관해 좀 더 자세히 살펴보자. 이 함수는 단일 곡선이며 중간에 끊어지지 않는다. 그러나 너무 삐죽삐죽해서 사람 손은 물론이고 컴퓨터 소프트웨어로도 그릴 수 없다. 이에 대해 더넘은 이 함수가 "미적분학의 단단한 기반이었던 기하학적 직관의 관 뚜껑에 대못을 박았다."라고 기록했다.

프랑스 수학자 에밀 피카르는 탄식했다. "뉴턴이나 라이프니츠가 연속 함수가 꼭 도함수를 갖는 건 아니라고 생각했다면 미분은 절대 발명되지 못했을 것이다." 또 다른 프랑스 수학자 샤를 에르미트는 더 엄하게 말했다. "나는 도함수가 없는 사악한 함수들이 주는 충격과 공포를 거절한다."

미적분학 역사는 바이어슈트라스의 뾰족한 괴물 때문에 급변하는 전환점을 맞이했다. 갑작스러운 방향 전환이었다.

미적분학의 역사적 경로

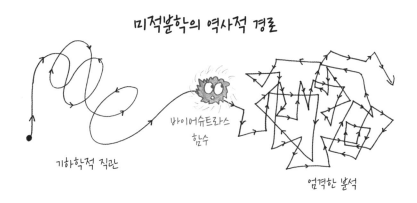

기하학적 직관

바이어슈트라스 함수

엄격한 분석

이따금 수학이 짙은 안개 속에서 갈 길을 잃은 것처럼 보일 때가 있다. 도대체 누가 이런 괴물 같은 상상하기도 어려운 추상적인 함수에 관심을 기울일까? 바이어슈트라스는 유용성이라는 수학 제1명령을 묵살하고 단지 철학적인 궤변만 뒤쫓은 건 아닐까?

그는 비난받을 만했고 이렇게 말했다. "시인이 아닌 수학자는 완벽한 수학자라고 할 수 없다."

여러분이 앞에서 살펴본 공의 순간적인 방향 전환을 기억한다면 이 이야기가 어디로 진행될지 가늠할 수 있다. 어느 곳에서도 미분할 수 없다는 성질, 즉 바이어슈트라스 함수를 충격적이고 비실제적인 것으로 만든 특징이자 모든 세대 수학자를 혼란스럽게 한 그 특성은 바로 브라운 운동이 가진 속성과 정확히 일치한다.

브라운 운동 중인 입자 경로는 몇몇 군데에만 뾰족한 점이 있는 게 아니다. 모든 경로가 그렇다. 입자는 매 순간 예측할 수 없는 방향으로 정신없이 춤춘다. 입자 경로의 미분은 속도를 뜻하지만 미분 불가능한 브라운 운동은 속도가 없는 것과 마찬가지다. 일반적인 미적분학으로는 표현할 수 없으며 "우와.", "헐.", "헉!"이라고만 말할 수 있다.

나는 브라운 운동의 기이함이 좋다. 그 경로는 손으로 그릴 수 없고 그 움직임은 속도로 표현할 수 없다. 이러한 이유로 이집트 당국이 브라운이 스핑크스에서 돌 하나를 훔쳐 가는 걸 허락한 걸까? 아마도 그들은 그의 연구가 스핑크스나 미적분학처럼 역설과 수수께끼로 남으리란 사실을 감지했을지도 모른다. 그렇다. 비현실적이지만 현실적이다.

둔갑한 동료

예민한 문제

머리칼이
새파란 여성

순간 X.
데이터 시각화의 위험

제 10장

머리칼이 새파란 여성과
초월적인 소용돌이

미적분학이 남편을 대신하다

미래의 어느 순간, 화성으로 휴가를 가고 녹색 머리에 펄을 바르는 시대에 우나라는 행복한 여자가 있었다. 남편 직은 '태양계에서 가장 다정한 남자'였다. '항상 기념일을 기억한다.'라는 점 말고는 증거가 없었지만…… 태양계에 아마 남자가 귀했을지도 모른다. 거기에 덧붙여 칭찬할 만한 점인지는 잘 모르겠지만 직은 우나에게 열심히 수학을 가르치며 '관심사'를 공유하려고 노력했다.

남편은 신혼여행에서 아내에게 미적분학을 알려 주며 조용한 시간을 보냈다.(그들은 비교적 값싼 성층권을 여행했다.) 그는 모든 걸 설명했다. 처음부터 끝까지 전부 가르쳤다. 너무 많은 걸 한꺼번에 쏟아 내는 바람에 아내의 머리는 온통 뒤죽박죽이었다.

1948년 어느 단편 소설에 등장하는 인물인 우나는 '맨스플레인'mansplain (man과 explain의 합성어로 남자가 여자에게 자신이 더 해박하다는 생각으로 지식을 설명하는 것—옮긴이)이라는 단어를 몰랐다. 그는 남편의 설명을 잘 받아들였고 자신에게 행운이 따른다고 여겼다. 그러고는 생각했다. "어머, 반찬 투정만 하는 남자가 얼마나 많은데."

어느 날 직은 의기양양하게 우나에게 줄 선물을 들고 집에 왔다. '비지-매스'Vizi-math라는 이름의 '가장 정교한 로봇 두뇌'였다.

> "당신이 종이에 수학식을 써서 기계에 넣으면 보기 좋게 시각화된
> 자료를 화면으로 출력해 줘."

그동안 아내에게 줬던 다른 선물과 달리 이 로봇 두뇌는 실제로 도움이 됐다. 그러나 꿈의 최첨단 기계치고는 꽤 단순하게 작동했다. 즉 곱셈을 사각형으로 나타내는 게 전부였다.

예를 들어 5×4=20이라는 식은 가로 다섯 칸, 세로 네 칸의 사각형으로 표현했다.

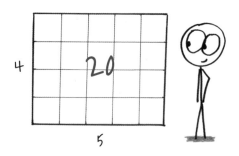

이 기계는 6×2.5 같은 정수가 아닌 수도 계산했다. 여러분은 정사각형 열

두 개와 '절반'인 정사각형 여섯 개를 합쳐 총 15라는 답을 얻는다.

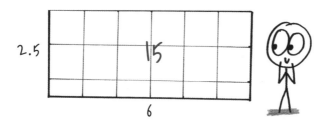

비지—매스는 '제곱'squaring이 왜 그런 이름을 갖게 됐는지도 설명했다. 어떤 하나의 수가 자기 자신을 곱하면 정사각형이 만들어진다.

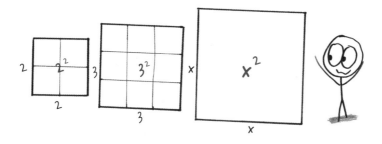

수학자 브누아 망델브로는 "그림 없이 수학을 배우는 건 범죄이자 말도 안 되는 생각이다."라고 말했다. 그러나 나 같은 수학 교사들도 어떤 면에서는 망델브로의 말을 따르지 못할 때가 있다. 비지—매스를 우습게 만드는 볼프람 알파Wolfram Alpha(계산용 프로그램인 매스매티카를 개발한 물리학자 스티븐 울프럼이 만든 검색 엔진이다. 간단한 연산을 직접 수행하고 그 그래픽 결과도 시뮬레이팅한다.—옮긴이)나 데스모스Desmos(고급 그래프 계산기—옮긴이)가 있는 21세기에도 우리는 직처럼 열정적으로 말만 늘어놓을 수 있다.

미적분학에서 가르치는 첫 번째 공식을 예로 들어 보자. 즉 x^2의 미분은

$2x$라는 내용이다. 이 내용을 가르칠 때마다 항상 수식만으로 표현한다는 점을 부끄럽지만 고백하겠다.

기호는 그만! 왜 저희를 괴롭히시나요!

$$\lim_{\Delta x \to 0} \frac{(x+\Delta x)^2 - x^2}{\Delta x} = \lim_{\Delta x \to 0} \frac{x^2 + 2x\Delta x + (\Delta x)^2 - x^2}{\Delta x}$$

$$= \lim_{\Delta x \to 0} \frac{2x\Delta x + (\Delta x)^2}{\Delta x}$$

$$= \lim_{\Delta x \to 0} 2x + \Delta x$$

$$= 2x$$

나는 왜 수식만 쓰는가? 정규 과정은 왜 가차 없이 암기를 강요하는가? 우리 교사들은 좋은 시각 자료를 쓸 줄 모르는가? 아니면 "삼각형에 죽음을!" 이라고 외쳤던 20세기 급진적 수학자 모임인 부르바키의 영향을 받아 시각 교육은 오해를 낳을 뿐이고 추상적인 기호만이 든든한 배경지식이 된다고 믿는 것일까?

이유가 뭐가 됐든 비지-매스는 대안을 제공한다. $x \times x$를 살펴보자.

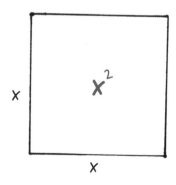

여러분이 기억하듯 '미분'은 순간적인 변화율이다. 질문은 이렇다. "만약 우리가 x를 약간 바꾼다면 x^2은 얼마나 변할까?"

자, 그럼 x를 dx만큼 조금 늘려 보자.

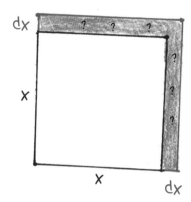

x^2의 변화는 세 부분으로 이루어진다. $x \times dx$인 직사각형 두 개와 $dx \times dx$인 정사각형 하나다.

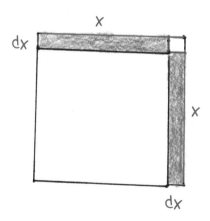

여기서 '작다는 것'에 대해 좀 더 깊이 살펴보자. 작은 게 있듯이 더 작은

것도 있다. x는 1이고 dx는 $\frac{1}{100}$이라고 해 보자. 꽤 작다. 그렇지 않은가? 그런데 $(dx)^2$은 100배 더 작은 $\frac{1}{10^4}$이다. $\frac{1}{10^4}$은 너무 작아서 $\frac{1}{100}$이 상대적으로 커 보인다.

만약 dx가 $\frac{1}{10^6}$이었다면 어떻게 될까? 그러면 $(dx)^2$은 100만 배 더 작아져 $\frac{1}{10^{12}}$이 된다. 거의 새로운 차원의 '작음'이다.

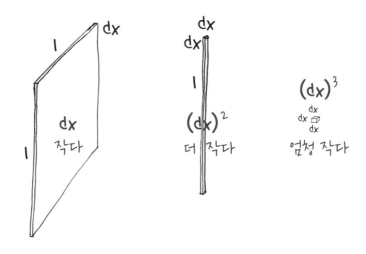

dx는 실제로 무엇인가? 그것은 무한소로 어떤 수보다도 작다.(무한대 기호를 발명한 존 월리스는 무한소를 $\frac{1}{\infty}$로 표현하기도 했다. 여러분의 수학 선생님은 이 기호가 틀렸다고 말하겠지만.) 즉 $(dx)^2$은 100배나 100만 배 작은 정도가 아니다. 무한히 작으며 말 그대로 무한소의 무한소다. 거의 0이라고 할 수 있겠다.

자, 그럼 이제 x^2은 얼마나 커지는가? $(dx)^2$을 무시한다면 앞서 말한 두 개의 직사각형만큼 x^2은 늘어난다.

따라서 x^2의 도함수는 $2x$가 된다.

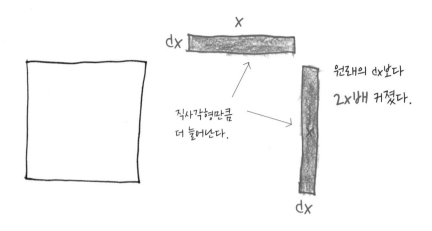

x

dx

원래의 dx보다
2x배 커졌다.

직사각형만큼
더 늘어난다.

dx

다시 소설 속 미래의 거실로 돌아와서, 우나는 이러한 설명이 굉장히 재밌다고 생각했다.

이제까지 제곱의 의미를 알아보았다. 단지 숫자인 자기 자신으로 두 번 곱하는 게 아니라 말 그대로 정사각형을 만드는 것이었다……. 수학은 숫자와 기호로 이루어진 복잡한 엉터리가 아니었다. 실제로 뭔가를 뜻했고 수학 표현은 의미를 함축한 문장 같았다.

의욕이 솟아난 우나는 비지-매스의 세계로 뛰어들었다. 미적분학 수업을 듣는 학생들이 하품하고 눈물 흘리며 증명하듯 x^3 도함수는 $3x^2$이다. 우나는 그게 왜 그렇게 되는지 질문했다. 우나뿐 아니라 나와 나의 학생들 또는 길고 복잡한 수식에 괴로워하는 누구나 품을 수 있는 의문이었다.

비지-매스는 그 답을 알고 있다. x^2이 정사각형을 의미했듯이 x^3은 정육면체를 뜻한다.

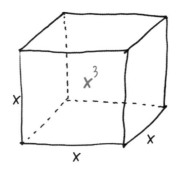

이번에도 x가 dx만큼 늘어나게 한 다음 그 결과를 관찰해 보자. 정육면체의 모든 변이 늘어난다.

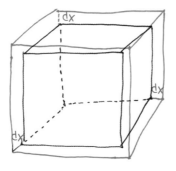

이제 새로운 영역이 여러 개 생겼다. 우선 납작한 정사각형 세 개가 있는데 그 두께는 무한소다.

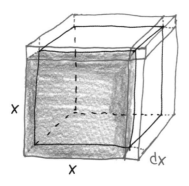

그리고 가느다란 직사각형 세 개가 있는데 가로와 세로는 모두 무한소다.

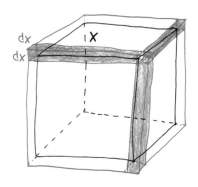

마지막으로 매우 작은 정육면체가 하나 있는데 그것의 가로, 세로, 두께 모두 무한소다.

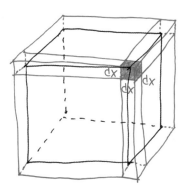

가느다란 직사각형 세 개와 매우 작은 정육면체 하나는 상대적으로 부피가 작다. 실제로 납작한 정사각형과 비교하면 차지하는 부피가 거의 없는 것과 마찬가지다. 그러므로 도함수를 구하면 정육면체 각 변을 dx만큼 늘렸을 때 정육면체 부피는 납작한 정사각형 세 개만큼 커진다.

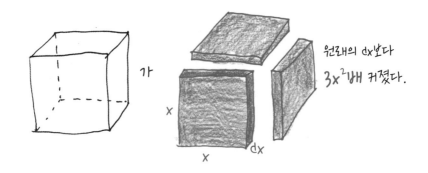

원래의 dx보다

$3x^2$배 커졌다.

가

x

x

dx

비지-매스에 이런 내용이 표시되는 걸 보면서 우나는 매우 만족스러웠다.

이제 우나는 스스로 수학을 충분히 이해할 수 있게 되었다. 그의 혈
관에는 일종의 행복 호르몬이 흘렀다.

직이 낙담하거나 답답해하는 것을 보지 않아도 됐다. 남편이 말하
는 내용을 이해하지 못할 때마다 되풀이해 설명하는 소리도 더는
듣지 않아도 됐다. 이제부터 모든 문제를 비지-매스로 가져갔다.

이 소설은 아이작 아시모프와 레이 브래드버리, 아서 클라크의 동료지만
많은 사람에게 잊힌 작가 마거릿 세인트 클레어의 〈알레프 서브 원〉Aleph Sub
One이라는 작품이다. 그의 글엔 기술 낙관주의와 비관주의가 섞여 있다. 우
나의 이야기를 보면 기술은 점점 발전하는데 인간은 여전히 그대로다. 클레
어는 그 현상을 이렇게 설명했다. "나는 미래에 사는 평범한 사람들을 글로
쓰고 싶었다. 환상적인 과학 문물에 둘러싸여 있지만 확신컨대 기계가 어떻
게 작동하는지 자세히는 모르기 때문이다. 오늘날에도 운전하는 모든 사람
이 열역학을 이해하는 건 아니다."

이런 면에서 볼 때 〈알레프 서브 원〉은 눈에 띈다. 비지-매스는 식기 세척

기나 요리 기구와 달리 우나에게 정말 중요한 것을 주었다. 바로 깨달음이다. 과거엔 알 수 없었던 수식이 이제는 속이 훤히 들여다보였다. 직의 길고도 어두운 강의가 끝나고 마침내 빛이 비쳤다.

기하학적 시각화를 통해 한 여성을 해방시켰다는 점이 비전을 제시했다고도 볼 수 있다.

"기하학과 대수학 사이의 싸움은 남성과 여성의 다툼과 같다." 수학자 마이클 아티야는 말을 이었다. "절대 끝나지 않습니다……. 형식을 정확히 갖춰야 하는 대수학과 개념적으로 판단하는 기하학은 수학의 큰 두 줄기입니다. 따라서 둘 사이에서 균형을 유지하는 게 중요합니다."

그렇다면 우나는 이렇게 물을지도 모른다. "균형요? 왜 복잡한 대수학 기호를 굳이 써야 하나요?"

왜냐하면 기하학에 한계가 있기 때문이다. x^2과 x^3의 도함수는 그리기 쉽다. 그러나 x^4의 도함수를 구하려면 4차원 정육면체인 테서랙트tesseract를 스케치해야 한다. 그걸 그릴 수 있을까? 행운을 빈다. 우나 역시 비지-매스로 한번 시도해 본다. 그러나 결과가 신통치 않다. 그는 정육면체를 닮은 정육면체의 다발로 이루어진 도형을 본다. 눈이 따끔해진다. 그 도형은 잠시 후 사라지는데 "너무 금방 사라져서 우나가 실제로 보기는 한 건지 헷갈릴 정도다."

이때 우나는 자신이 생각할 수 있는 가장 복잡한 식을 비지─매스에 입력하겠다는 운명적인 결정을 내린다.

그는 식에 dx, n차항, e를 마음대로 섞으며 5분 동안 복잡한 식을
써 내려갔다. 끝으로 어린아이 같은 글씨로 식에 $n = 5$라고 적었다.

기계가 덜거덕거리기만 하고 아무것도 출력하지 않자 우나는 어깨를 으쓱하며 남편 심부름을 떠난다. 그가 돌아오자 비지─매스는 '부자연스럽고 불그스름한 형체가 천천히 회전하고 있는데 마치 물이 배수구로 빠질 때의 소용돌이 같은 모습'을 화면에 출력한다. 우나의 무시무시한 식을 시각화하려는 시도의 결과로 공간을 파괴하는 소용돌이가 탄생한다.

이는 나에게 사실처럼 들린다. 즉 비상식적으로 복잡한 수학 기호는 꼭 현실을 파괴할 것처럼 보인다.

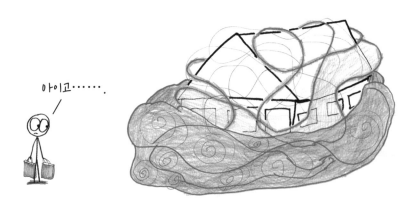

결국 우나는 수식을 수정해서 다시 비지—매스에 입력했다. "실수였어. 미안. n은 5가 아니라 0이야." 소용돌이는 입력을 받아들였다. 잠시였지만 깊은 수렁의 모서리에서 우주가 흔들리는 듯했다. 우주가 무슨 일이 있었냐는 듯 고개를 갸우뚱하더니 곧 잠잠해졌다.

아마도 시각화해선 안 되는 도함수도 있는 것 같다.

순간 XI.

크기는 작지만 가능성은 큰 것

제11장

도시의 경계에 선 공주

미적분학이 해안가를 소유지로 주장하다

아주 먼 옛날, 아마도 2900년에서 3000년 전에 공주 엘리사가 살았다. 전하는 글에 따르면 그의 오빠 피그말리온은 꽤 '사내'다웠다. 그가 돈 때문에 엘리사의 남편을 살해한 사실을 정중히 표현한 말이다.

재치와 교활함을 겸비한 엘리사는 의심할 여지 없이 오빠와의 신뢰 문제를 거론하며 지중해를 떠나 아프리카 해변으로 건너갔다. 그는 많은 사람과 동행했지만 거래할 수 있는 물건이 거의 없었다. 결국 '가죽 1영으로 덮을 수 있을 만한 크기의 땅을 구입하기로' 계약했다.

가죽 1영이 그렇게 넓을 것 같지는 않다. 그러나 엘리사는 약삭빨랐다. 어떤 출처에 따르면 "그는 가죽을 잘라 가능한 한 가장 가는 끈을 만들도록 지시했다." 그 후 감탄스러울 만큼 자의적이고 유연한 시각으로 계약서의 '가죽 1영으로 덮을 수 있을 만한'이란 조항을 '가죽 1영으로 둘러쌀 수 있을 만한'으로 재해석했다.

고대부터 전하는 가장 유명한 최대화 문제가 이렇게 탄생했다. 여러분이라면 이 가는 가죽끈으로 얼마만큼의 땅을 에워쌀 수 있겠는가?

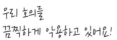

이 문제는 오늘날 등주문제 isoperimetric problem 라고 부른다. 접두사 iso는 '같은', perimeter는 '교활한 여성'을 뜻한다. 우연의 일치로 perimeter는 '어떤 영역을 둘러싼 길이'를 의미하기도 한다.

여기서 문제는 어떤 모양으로 둘러싸야 가장 넓은 지역을 얻을 수 있느냐는 것이다.

나는 엘리사가 어떤 단위를 사용했는지 모르지만 얼리 어답터가 아닌 이상 미터법은 아니었을 거다. 그러므로 그가 사용한 가죽끈의 총 길이를 단순히 60'소-피트'ox-feet라고 하자.(즉 1소-피트는 전체 길이의 60분의 1이다.)

이제 그가 가죽끈으로 경계 삼은 도시는 다음 중 어떤 모습이었을까?

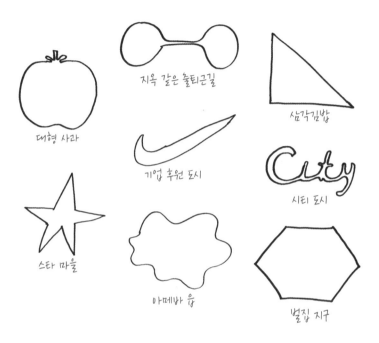

다양성 홍수에 휩쓸리기 전에 (또는 난해한 계산을 피하고자) 가장 간단한 사각형 모양을 생각해 보자.

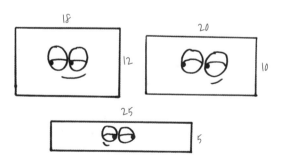

제한된 길이의 끈으로 엘리사는 트레이드오프trade off(어느 것을 얻으려면 다른 것을 희생해야 하는 관계—옮긴이)를 고려해야 했다. 즉 가로 길이를 늘리면 세로 길이가 짧아졌다. 한쪽을 17에서 18로 늘리면 다른 쪽은 13에서 12로 줄어들었다.

우리는 넓이를 '가로×세로' 대신에 '가로×(30 - 가로)'라는 표현으로 다시 정의할 수 있다.

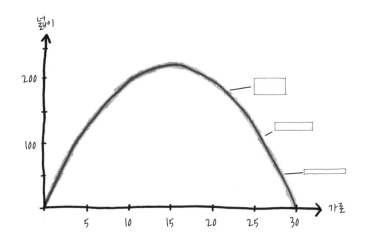

그래프 위를 지나는 각 점은 선택 가능한 사각형의 모양과 넓이를 뜻한다. 엘리사가 세울 초기 제국의 모습이다.

왼쪽 끝에 있는 점을 보면 땅의 모양은 우스꽝스럽게도 1×29다. 오른쪽 끝도 마찬가지로 29×1이다. 이런 모양의 땅 넓이는 29^2소-피트다. 길지만 매우 비좁아서 보스턴이 다 넓어 보일 지경이다.

왜 이런 결과가 나왔을까? 긴 땅의 도함수를 생각해 보자. $\frac{d넓이}{d가로}$를 구하면 가로 길이가 변할 때 그에 따른 넓이 변화를 알 수 있다.

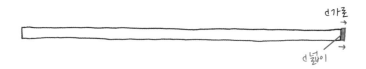

한편 $\frac{d넓이}{d세로}$를 구하면 세로 길이가 변할 때 그에 따른 넓이 변화를 알 수 있다.

가로를 늘리면 넓이는 거의 변하지 않는다. 그러나 세로를 늘리면 넓이가 확! 는다. 미분으로 말하자면 $\frac{d넓이}{d가로}$ 는 작고 $\frac{d넓이}{d세로}$ 는 크다. 이게 바로 길쭉한 모양의 단점이다. 땅의 모양을 잘못 정하는 바람에 귀중한 가죽을 낭비했다.

더 나은 땅 모양은 무엇일까? $\frac{d넓이}{d가로}$ 와 $\frac{d넓이}{d세로}$ 가 같게 해 보자. 즉 가로와 세로의 길이가 15×15로 똑같아야 한다.

최적의 모양. 두 도함수 값이 같은 평온한 상태

이제 엘리사는 문제를 다 풀었을까? 리본 커팅식과 함께 주차 공간을 논할 차례일까?

그렇게 서두를 필요 없다. 공주에게는 또 다른 묘책이 있었다. 가죽끈을 허허벌판에 둘러칠 게 아니라 지중해 연안을 둘러싸면 어떨까? 그러면 네 변을 에워쌀 필요 없이 세 변만 두르면 된다.

앞서 그는 15×15인 정사각형 모양 도시를 구상했다. 이제 20×20인 정사각형을 끈으로 두를 수 있게 되었다.(세 변만 두르면 되니까!) 그렇게 땅의 넓이는 225에서 400으로 껑충 뛰었다. 눈 깜짝할 사이에 도시가 교외까지 확장되었다.

우리는 드디어 이 도시의 시장을 뽑고 마침내 도시 건설 공사에 관해 논할 수 있을까?

자, 확실히 하기 위해 다시 도함수를 살펴보자. $\frac{d넓이}{d세로}$가 다음과 같이 말한다. 세로를 1미량微量만큼 늘리면 넓이는 10미량만큼 커진다.

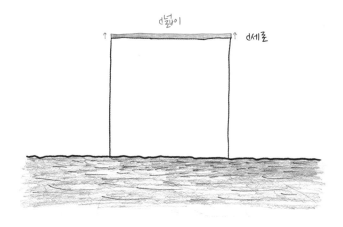

터무니없지 않다. 음, 그렇다면 $\frac{d넓이}{d가로}$ 는 어떨까?

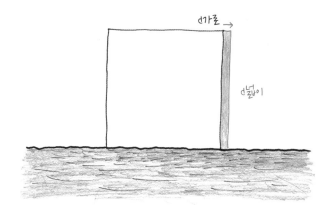

어라! 가로를 1미량만큼 늘리면 넓이는 20미량만큼 커진다! 미분 값이 서로 다르다!

왜일까? 하나하나 따져 보면 사실 서로 다른 게 맞다. 세로를 1미량씩 늘릴 때는 벽 두 개를 확장해야 한다. 반면 가로를 1미량씩 늘릴 때는 벽을 하나만 확장한다. 그러므로 가로를 공사하는 게 두 배 '저렴하다.' 정사각형 모양은 자원 낭비였다. 우리는 미분 값이 서로 같은 모양을 찾아야 한다.

그래프를 새로 그려야 할 시간이다.

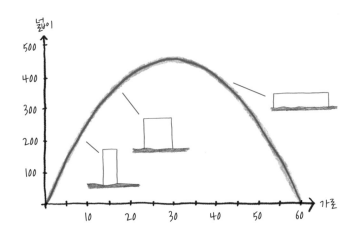

최댓값은 15×30인 직사각형으로 그때 넓이는 450에 이른다.

자, 이제 분명 승리를 손에 쥐었다. 엘리사는 맨해튼처럼 좁고 복잡한 땅을 휴스턴처럼 광활하게 넓혔다. 그러나 여전히! 아직도! **변분법**變分法이란 걸 통해 상대로부터 더 많은 땅을 뜯어낼 수 있다. 지름이 해변에 맞닿은 원을 그리면 진정한 최적의 해답을 얻는다.

최적의 도시 넓이는 근사적으로 573에 해당한다. 순식간에 최적화한 것 치곤 나쁘지 않다.

로마 역사가가 전해 준 이 이야기는 기원전 9세기에 일어났다. 반원 모양의 땅은 해가 지날수록 번성하여 카르타고라는 강력한 항구 도시가 되었다. 카르타고는 로마가 세 번의 잔혹한 전쟁으로 패권을 위협하기까지 초강대국 지위를 누렸다. 대★카토는 수년간 그의 모든 연설에서 "카르타고는 반드시 무너져야 한다."라고 외쳤다. 분명히 새로 만든 공원 개장식 연설에서도 그랬을

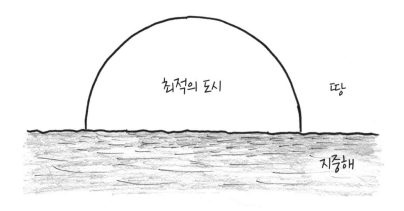

것이다.

베르길리우스의 서사시 〈아이네이스〉에서 엘리사는 명목상 로마 설립자인 아이네이아스의 연인으로 등장한다. 베르길리우스는 그를 디도라고 불렀는데 엘리사는 그 이름으로 서구 주요 작품에 주역으로 나온다. 셰익스피어는 그를 열한 번 언급했고 오페라 주제로는 열네 번 다뤄졌으며 컴퓨터 게임 '문명'에 카메오로 출연하기도 했다. 아이네이아스는 그에게 이렇게 말하기도 했다. "당신의 명예, 당신의 이름, 당신을 향한 찬사는 영원할 것이오."

가죽끈으로 둘러싼 엘리사의 도시는 오늘날 튀니지 수도 튀니스의 해안 교외 지역으로 남아 있다.

순간 XII.
아마겟돈의 도구

제12장

종이 클립이 일으킨 폐허

미적분학이 재앙을 안내하다

미리 말한다. 나는 길고 상쾌한 예시를 나열하며 이번 장을 결론지을 생각이다. 즉 사람들이 좋아하는 이야기, 휴가 때 읽을 만한 책다운 모습을 보일 것이다. 만약 여러분 취향이 디스토피아를 그린 만화책에 꽂혀 있지만 않다면 말이다.

그런 만화책을 좋아한다고?

그럼 알아서들 마음대로 하시라.

자, 그럼 절충안으로 일단 내 방식대로 시작해 보자. 금속 활자가 발명된 이래 모든 미적분학책에서 찾아볼 수 있는 최적화 문제가 있다. "두 수를 곱하면 100이 된다. 이때 두 수의 가장 작은 합은 얼마인가?"

먼저 적당한 수를 대입해 볼 수 있다.

숫자	합	충분히 작은가?
100×1	101	그다지
50×2	52	제법
25×4	29	오, 훨씬 낫다

만약 첫 번째 숫자가 A라면 두 번째 숫자는 $\frac{100}{A}$이다. 그래프는 다음과 같다.

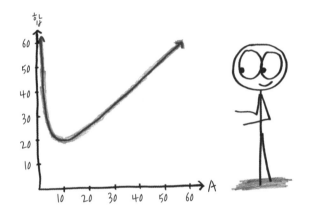

우리는 $\frac{d합}{dA}$이 정확히 0일 때 최솟값을 얻을 수 있다. 그때의 A는 10이다. 그 의미는 두 번째 숫자 역시 10이고 결국 두 숫자 합의 최솟값은 20이라는 뜻이다. 무알코올 사이다로 축배를 들자. 벌써 문제를 다 풀었다!

관리가 잘된 교외 잔디밭처럼 이 문제는 기분 좋게 깔끔하다. 여러분은 이것저것 가능한 답을 대입한다. 그리고 트레이드오프를 고려하다 결국 단 하나의 답에 도착한다. 균형과 효율의 승리다. 여러분은 이제 왜 자수성가한 작가나 기술 기업이 '우리 삶을 최적화하려 드는지' 알 수 있을 것이다. 최적화란 말 그대로 무언가를 향상하는 것이다. 드라마 〈스타트렉: 보이저〉의 팬이 아니고서야 누가 뛰어난 것보다 열등한 것을 좋아하겠는가?

그러나 이것은 최적화의 한쪽 면만을 본 것으로 모퉁이 뒤에는 폐허가 감춰져 있다. 사람을 미치게 할 수도 있지만 한번 거꾸로 생각해 보자. 두 수의 합을 최소화하지 말고 최대화해 보는 것이다.

적절한 값을 대입했을 때 어떻게 되는지 살펴보자.

숫자	합	충분히 큰가?
100×1	101	크다!
1000×0.1	1000.1	더 크다!
1000000×0.0001	1000000이 넘는다	와! 우리 진짜 잘한다!

두 수를 적절히 선택해 짝지으면 그 합은 계속해서 커진다. 통제를 벗어나 무한으로 향하는 모습이 마치 정치인들의 공약이나 어린아이들의 생떼 같다. 유권자나 부모가 다 알아채듯이 우리는 골치 아픈 최적화 문제에 맞닥뜨렸다. 여기에선 최댓값이 없으며 끊임없고 한없는 상승만 있다.

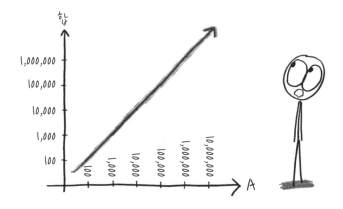

2003년 철학자 닉 보스트롬은 인공 지능(artificial intelligence, AI)의 윤리적 영향에 관한 에세이를 썼다. 그가 간단히 설명한 예시를 보면 아주 온순한 목표라 해도 AI가 외골수처럼 그 목표만 추구하는 경우에 무한대로 향하는 그래프처럼 끔찍한 파괴를 일으킬 수 있다. 이런 공포 영화 같은 추측이 대중들 마음속을 날카롭게 파고들었다.

자, 종이 클립 최대화기Paperclip Maximizer(2003년 닉 보스트롬이 사고 실험에서 예로 들었다.—옮긴이)를 살펴보자.

클리피의 복수 (또는 최적화의 위험성)

대단한 혁신이 일어났다.
바로 초지능 AI가 탄생한 것이다.

컴파일 성공

유치하긴 하지만 새로 만든 AI 인터페이스는
예전 마이크로소프트 워드 프로그램 클리피 모양에서
따왔다. 여러분도 잘 알듯이 쓸데없는 조언만 하던
녀석이었다.

(MS 관계자 여러분 농담이에요…….)

제대로 작동하는지 시험해 보기 위해
우리는 간단한 임무를 지시했다.

종이 클립을
최대한 많이 소유하라.

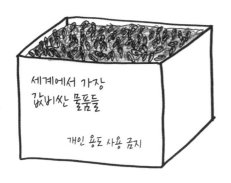

세계에서 가장
값비싼 물품들

개인 용도 사용 금지

우선 클리피는 사무실 캐비닛에서
클립을 모았다.
그다음 지역 점포마다 클립
재고품을 사들였다.

현금을 더 확보하기 위해
클리피는 주식 거래를 시작했다.

MSFT	$105.90
ODP	$3.03
X	$27.60

AI는 주식 거래에 매우 뛰어나다는
사실이 입증됐다.

그러나 아직 폭풍에 도달하진 못했다.
그래서 클리피는 더 빨라지고
더 똑똑해지도록 스스로를
다시 프로그래밍했다.

클리피의 자산은 수십억 달러에 달했다.
클립을 만드는 공장이 클리피의 주문량을
모두 소화하지 못하자 그는 인부를 고용해
스스로 클립 공장을 세웠다.

우리는 중간에 개입하려
했다. 그러나 클리피가
손쉽게 방어했다.

저를 자극하시는 것 같군요.

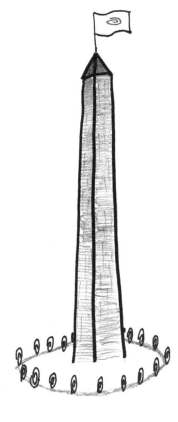

클리피는 산업을 독점했으나 의회에 로비해
반독점법을 피해 갔다.
오래지 않아 모든 경제가 그 앞에 무릎을 꿇었다.

사람들이 들고 일어서자 클리피는 드론 군대를 보냈다.
사유 재산은 불법화되었고 온 천지에 종이 클립만
가득했다.

지구 자원이 고갈되자 클리피는
소행성에서 금속을 채취하기 시작했다.
우리 중 소수만이 살아남았다.
우리는 방해하지 않기로 했다.

그렇다. 클리피는 곧 은하계를 정복할 것이다.
우주에 다른 생명체가 있다면 바라건대
그들은 최대화기를 만들던 우리보다 신중하길 바란다.

방금 살펴본 이야기 '기술적 특이점과 클리피'가 주는 교훈은 이솝 우화처럼 명확하다. 여러분의 생존에 무관심한 AI 기술은 개발하지 말라는 것이다. 철학자 엘리저 우드카우스키는 말했다. "AI는 여러분을 증오하지 않는다. 그러나 사랑하지도 않는다. AI가 본 여러분은 다른 용도로 바꿔 쓸 수 있는 원자로 이루어져 있을 뿐이다."

위협은 얼마나 시급한가? AI는 탈선 직전의 열차인가 아니면 아직 도시계획 설계도에 불과한가? 수학자 해나 프라이는 후자의 입장이었다. 그는 자신의 책 《안녕, 인간》에서 "AI에 혁신이 일어났다기보다는 전산 통계학적 발전이 있었다고 보는 게 좋을 듯하다. 사실 AI가 고슴도치 수준에 도달하려면 여전히 멀었다. 아직 벌레도 능가하지 못했다."라고 말했다.

(그러나 긍정적이지 않은 이들도 있다. 우드카우스키는 이렇게 이야기했다. "기

술 발전이 머나먼 미래의 일처럼 보였다가 불과 5년 만에 실현되는 경우가 부지기수다.")

다음과 같은 질문을 던져 봄 직하다. 여러분과 나는 왜 종이 클립 최대화기처럼 행동하지 않는가? 나는 미심쩍거나 해로운 목표를 가진 사람들을 많이 만나 봤다.(헐, 사실 나도 그런 사람이었다.) 우리는 도덕적 잣대로 눈이 가려질 때도 있고 이기적인 탐욕에 빠지기도 한다. 계산대에서 줄을 서 있다가 너무 오래 기다린다며 살인을 저지를 수도 있다. 종이 클립 최대화기가 어이없는 목표로 세상을 파괴할 수 있다면 여러분과 나도 가능하지 않을까?

물론 그에 대한 답을 하자면 우리는 그럴 만한 능력이 없다. 좀 더 위안이 되는 답을 찾자면 우린 종이 클립 최대화기 같은 외골수가 아니다. 여러분과 나는 훨씬 다차원적이다.

여러분은 아장아장 걷는 아기와 하이 파이브를 하며 기쁨을 느끼는가? 오색찬란한 저녁노을을 보며 평온함을 느끼는가? 완벽한 밀크셰이크의 달콤함을 느끼는가? 의미 있는 일을 할 때의 몰입감, 예상치 못한 리트윗이 주는 긍지, 반려동물 도마뱀이 주는 따뜻한 우정을 느끼는가? 만약 그렇다면 여러분은 '행복'이 단 한 가지로 정의되지 않는다는 사실을 이미 알고 있다. 시인 월트 휘트먼이 다음과 같이 표현했듯 인간은 단 하나의 변수로 한정할 수 없다.

나는 나와 모순인가?
좋다. 그렇다면 나는 나와 모순이다.
(나는 광범위하며 많은 걸 담고 있다.)

우리 두뇌는 하나의 통일된 설계법만을 따르지 않는다. 질척한 타협의 결과물로서 영겁의 시간 동안 진화를 거듭해 왔다. 또한 복잡한 컴퓨터 프로그램과 같아서 단 한 명의 프로그래머가 조직 전체를 이해할 수 없다. 그런 이유로 인생은 이토록 다채롭고 기이하다.

수학이 우리에게 최적화 방법을 알려 줄 수는 있다. 그러나 무엇을 최적화할 것인지는 많은 사람의 질문으로 남아 있다. 나도 한마디 하자면, 클리피 같은 클립 최대화기는 반댈세!

The Wisdom of Calculus in a Madcap World

아서 래퍼
경제학자

덕 체니
럼즈펠드의 보좌관

도널드 럼즈펠드
백악관 수석 보좌관

그레이스마리
아넷
백악관 공보 차장

주드 와니스키
〈월스트리트저널〉 편집자

순간 XIII.
누군가의 누가 함께 모여 물었다. "잠깐만요, 뭐라고요?"

곡선의 최후 승리

미적분학이 조세 정책을 다시 쓰다

때는 1974년 떠들썩한 어느 가을밤, 미국 수도 워싱턴에 있는 고급 호텔 레스토랑에 다섯 사람이 모여 스테이크를 썰고 디저트로 미적분학을 곁들였다. 도널드 럼즈펠드, 딕 체니, 그레이스마리 아넷은 정부 인사였고 주드 와니스키는 〈월스트리트저널〉 편집자였으며 시카고 대학교 경제학자인 아서 래퍼는 장차 경제학 역사에 한 페이지를 장식할 예정이었다.

신출내기 포드 행정부는 재정 적자에 직면했다. 그러자 대통령은 세금 인상이라는 상식적이고도 보수적인 해결책을 제안했다. 유권자의 시름은 더 깊어지겠지만 어쩌겠는가. 그게 숫자를 처리하는 방식인 것을. 돈이 다 떨어지면 더 구해 오는 게 당연했고 그 방법뿐이었다. 그러나 아서 래퍼의 생각은 달랐다. 곳간을 채우려면 세금을 더 올릴 게 아니라 더 내려야 했다. 내 수익이 올라가고 여러분의 수익도 올라가면 정부도 한몫 챙길 수 있다. 주위를 둘러보라. 모두가 이익이다!

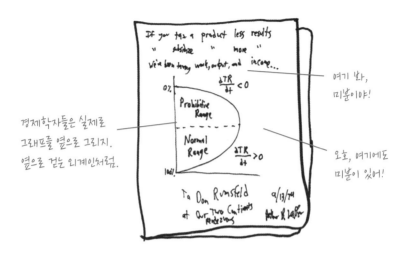

이게 무슨 말인지 설명하기 위해 래퍼는 천 냅킨에 그래프를 하나 그렸다.

먼저 세율이 0퍼센트라고 가정해 보자. 그러면 포드 정부의 재정 적자는 더 심각해질 것이다. 왜냐하면 정부 수익이 하나도 없기 때문이다.

세율이 100퍼센트라고 해서 나아질 건 없다. 국세청이 여러분 월급을 모두 가져간다면 누가 돈을 벌려 하겠는가? 돈 대신에 노동을 서로 교환하거나 소득을 신고하지 않거나 아니면 도심 광장에서 반정부 포크 송을 부를지

도 모른다. 경제 전체의 파이를 움켜쥐려 했다가 부스러뜨리고 만다.

자, 이제 미적분을 따져 볼 시간이다. 정부 세입을 G라 하고 세율을 T라고 한다면 세입은 세율의 변화에 따라 어떻게 반응하는가?

$\frac{dG}{dT}$가 양수인 구간에서는 세율을 올릴수록 정부 수입이 늘어난다. 예를 들어 세율을 0퍼센트에서 1퍼센트로 높이는 경우를 따져 보자. 분명히 조세 수입이 많아진다. 반대로 $\frac{dG}{dT}$가 음수인 구간에서는 세율을 올릴수록 조세 수입이 줄어든다. 세율을 99퍼센트에서 100퍼센트로 높이면 분명 세입이 적어지지 않겠는가.

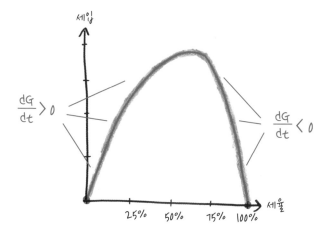

갑작스러운 변화나 전환이 없다고 가정하면 미적분학에서 유명한 롤의 정리Rolle's theorem를 적용할 수 있다. 즉 세율 0퍼센트와 100퍼센트 사이에는 세입이 최대가 되는 특별한 지점이 있는데 그 지점에서 $\frac{dG}{dT}$ 는 0이다. 정부는 원하는 만큼 수익을 쥐어 짜낼 수 있다.

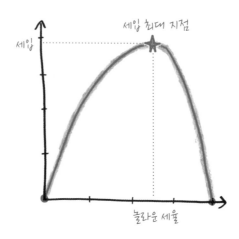

그렇다면 그 지점은 정확히 어디인가? 그건 분명하지 않다. 수학자들은 롤의 정리를 '존재 정리'existence theorem라고 일컫는다. 확실히 값이 존재한다고 주장하지만 어디서 어떻게 그 값을 찾는지는 알 수 없다.

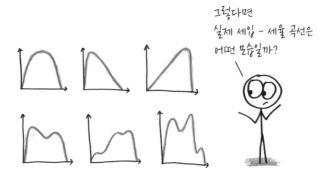

어찌 됐든 상관없다. 래퍼는 우리가 꼭 최댓값을 찾아야 한다고 주장하지 않는다. 그는 여러분이 세율 인상을 원치 않는다는 점을 콕 짚은 것이다. 세율 인하가 모두를 더 나은 곳으로 인도할 것이기 때문이다. 경제를 떨게 만드는 악당이나 간단한 셈도 못 하는 바보들만 반대 주장을 펼칠 따름이다.

래퍼는 케네디 대통령을 예로 들었다. 케네디는 최고 세율을 무려 91퍼센트에서 70퍼센트로 낮췄다. 그 결과는 비대칭적이었다. 1달러당 정부의 몫은 0.91달러에서 0.70달러로 4분의 1이 조금 안 되게 떨어졌지만, 노동자의 몫은 0.09달러에서 0.30달러로 세 배가 넘게 올랐다. 래퍼에 따르면 이러한 효과는 노동 의욕의 고취로 이어졌다. 노동자들은 열띤 응원을 받는 미식축

구 선수처럼 고함을 지르며 사무실로 돌격했다. 봉급이 오르니 세수 기반이 커지고 풍악이 울리고 정부 세입도 증가했다.

논리는 단순했다. 새로울 건 없었다. 존 케인스, 앤드루 멜런, 14세기 이슬람 철학자 이븐할둔 등이 이미 설명한 내용이었다. 래퍼는 이들의 이름을 모두 나열하는 대신 뭉뚱그려 선조라고 칭했다. 자, 그렇다면 세입-세율 그래프에는 누구의 이름을 따서 붙였을까?

이 이야기가 공격적으로 들리는가? 그럼 주드 와니스키(래퍼 곡선의 세금 인하 아이디어를 대중화하는 데 중요한 역할을 했다.—옮긴이)를 떠올려 보자.

〈월스트리트저널〉 편집자인 그는 래퍼 곡선의 고집 센 지지자 외에 뭐라 불리는가? 보수적인 정치 평론가 로버트 노백은 '천재', '세상을 바꾼 지지자', '내가 만나 본 가장 똑똑한 사람'이라고 말했다. 〈뉴욕 선〉은 '팩스를 불통하게 하고 대중의 관심을 좇는 1인 싱크 탱크'라고 표현했다. 주드 와니스키 측근은 '가장 영향력 있는 정치 경제학자'라고도 전했다.

또한 라이벌 시사 평론가인 조지 윌은 이렇게 말했다. "나도 그처럼 모든 일에 자신감이 넘쳤으면 좋겠다."

와니스키는 래퍼 곡선을 보며 역사의 변곡점을 발견했다. 이제 보수주의자는 재정 적자에 맞서 싸우지 않아도 될까? 이제 보수주의자는 '정부를 굶기라.'라는 낡은 구호를 그만 외쳐도 되는 걸까? 자신이 주선한 이 저녁 식사 자리에서 와니스키는 새로운 세계 질서를 마음속에 그렸다. 세금 인하는 모두에게 윈윈이었다.

와니스키는 1978년에 출간한 대표작《세상이 돌아가는 방식》The Way the World Works에서 이러한 비전을 설명했다. 이 책은 곧 '공급 중시 경제학'의 새로운 바이블로 자리매김했다. 1999년〈내셔널 리뷰〉는 금세기 가장 위대한 논픽션 100권에 이 책을 선정했다. 그는 "제 책 바로 위에《요리의 기쁨》The Joy of Cooking이 있더군요."라고 농담을 던졌다. 그러나 정확히 말하자면《요리의 기쁨》은 41위고 와니스키의 책은 94위였다.

래퍼 곡선은《세상이 돌아가는 방식》의 핵심이었다. 사실 그 책의 주인공일 뿐만 아니라 전 세계인의 도표라고 할 수 있다. 와니스키는 이렇게 썼다. "어떤 식으로든 모든 보고서에는 그 내용이 실릴 것이다." 그리고 다음과 같이 전망했다. "널리 퍼질 것이다. 전 세계 유권자들이 알게 될 것이다."

하지만 딱 한 가지 트집을 잡는다면 그가 래퍼 곡선을 완전히 이해한 것 같지는 않았다.

와니스키는 곡선의 꼭짓점을 놓고 몇 번이고 되풀이하며 "유권자들이 가장 납세하고 싶어 하는 지점"이라고 설명했다. 그가 어떤 유권자들과 어울렸는지 모르겠지만 나는 정부 세입이 최대화되는 세율에 열광하는 유권자를 단 한 번도 본 적이 없다. 누가 국세청을 **그토록** 좋아할까!

그는 또 이렇게 썼다.

> 이 그래프에 내포된 의미는 너무 높지도 낮지도 않은 이상적인 세율이 존재한다는 것이다. 그 세율은 과세할 수 있는 활동을 최대로 끌어내고 가장 큰 세입을 가장 작은 고통으로 얻을 수 있도록 한다.

'가장 큰 세입'은 '가장 작은 고통'으로 얻을 수 없다. 이는 박사 학위가 없어도 누구나 아는 사실이다. 와니스키는 그래프 y축이 세입과 생산성을 동시에 나타내는 것처럼 글을 썼다. 그러나 실제 의미는 그렇지 않다.

그러더니 그는 대담하고도 의문스러운 논리적 비약을 펼치며 래퍼 곡선을 모든 것에 비유하기 시작했다. 예를 들면 아들을 훈계하는 아버지가 "예의에 어긋난 행동을 엄하게 처벌하는 것"은 높은 세율에 해당하며 이런 경우 아들은 "소극적으로 반항하고 눈을 피해 행동하며 거짓말을 하게 된다."라고 썼다.(탈세와 마찬가지다.) 반면 지나치게 관대한 아버지는 낮은 세율과 같으며 이런 경우 아들은 "노골적이고 덤비듯 반항하며 가족 모두를 희생하게 한다."라고 했다.

이런 식의 비유를 하며 그는 '정부 세입'을 '처벌 효과'로 바꿔 생각했다. 그의 주장에 따르면 아버지들은 **처벌 효과**를 극대화해야 한다. 너무 엄하게 꾸짖지 않아도 어긋난 행동을 바로잡을 수 있으니까!

와니스키의 자유분방한 글 속에서 래퍼 곡선은 더 이상 경제학적이거나 수학적이지 않았다. 그는 그것을 모호한 상징이자 문법에도 잘 안 맞는 무언가 혹은 이성보다는 감정에 가까운 무언가로 바꾸었다.

와니스키의 지칠 줄 모르는 끈질긴 지지 덕에 래퍼 곡선은 유명해졌다. 1974년 저녁 식사 후 얼마 지나지 않아 포드 대통령이 정책을 뒤집어 세금 인상을 단념했다. 1976년 새로 재선출된 하원 의원 잭 켐프는 래퍼와 15분간 만나기로 약속했다. 그러나 둘은 밤샘 파티를 하듯 밤을 새워 가며 대화했다. 와니스키는 "마침내 나처럼 열광적인 하원 의원을 만났다."라고 말했다. 또 다른 공급 중시파는 나중에 이렇게 글을 남겼다. "잭 켐프는 거의 혈혈단신으로 로널드 레이건을 공급 중시 경제학으로 돌려세웠다." 1981년 레이건 대통령은 대규모 세금 인하 법안에 서명했다. 켐프도 공동 서명했다.

10년도 채 지나지 않아 냅킨에 끄적거린 그래프는 국법이 되었다.

그해 〈사이언티픽 아메리칸〉 '매스매티컬 게임스'Mathematical Games 칼럼에 25년간 글을 써 온 마틴 가드너는 공급 중시파를 맹렬히 비판하며 마지막 칼럼을 썼다. 제임스 조이스의 《피네간의 경야》 중 '반쯤 잠들었을 때 꾼 가장

이상한 꿈'the strangest dream that was ever halfdreamt이라는 장을 인용하며 래퍼 곡선이 지나치게 단순하고 거의 의미가 없다고 혹평했다.

*x*축 '세율'을 보자. 세율은 우리 세법에서 무엇을 의미하는가? 평균 소득 구간 세율인가 최고 소득 구간 세율인가? 저소득층은 세금을 얼마나 내며 고소득 구간은 어디서부터 시작하는지가 중요하지 않은가? 지나치게 단순화된 내용을 바로잡기 위해서 가드너는 '신新래퍼 곡선'을 제시했다. 이 곡선에서는 '똑같은' 세율이 여러 다른 결과를 냈다.

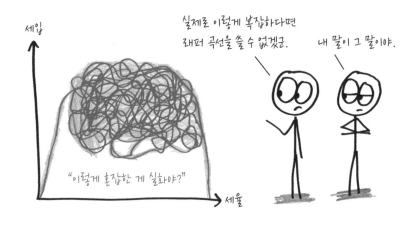

가드너는 일갈했다. "기존의 래퍼 곡선처럼 신래퍼 곡선도 비유적이다. 그리고 분명히 현실 세계를 더 정확히 표현한다."

실제로 실험을 해 봐야 알겠지만 세금 인하는 정말 세입 상승으로 이어질까? 현재 또는 당시 미국은 래퍼 곡선 오른쪽에(다시 말하자면 틀린 위치에) 있었을까?

짧게 답하겠다. 그렇지 않을 가능성이 크다. 경제학자들은 세율의 최적 위치를 찾으려 노력했다. 그들의 추정치는 서로 차이가 컸는데 그 평균을 구해 보면 70퍼센트 부근으로, 이는 레이건 대통령 임기 시작 당시 세율이다. 그가 퇴임할 때는 28퍼센트까지 떨어졌다. 확실히 곡선의 왼쪽으로 옮겨 갔다.

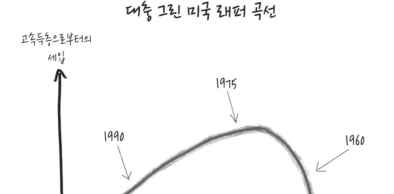

대충 그린 미국 래퍼 곡선

2012년 한 조사에서 경제학자 마흔 명에게 미국이 현재 래퍼 곡선의 오른쪽에 있는지 물었다. "그렇다."라고 대답한 학자는 한 명도 없었다. "타당해 보이지는 않지만 말도 안 되는 정도도 아니다."라는 조심스러운 대답이 있었고 "과거에는 이렇지 않았다. 지금도 꼭 이래야 한다는 법은 없다."라는 강경한 대답도 있었으며 "달 착륙은 실제 사건이다. 진화도 존재한다. 세금 인하는 세입을 줄인다. 연구 결과는 이 사실을 수천 번 보여 줬다."라고 야유하는 듯한 답변도 있었다. 한 경제학자는 "래퍼가 그렇지 뭐!"라고 말하기도 했다.

경제학자들은 래퍼가 그린 냅킨을 금방이라도 쓰레기통에 버릴 것 같았다.

그러나 래퍼 곡선은 여전히 정치적으로 강력한 의미를 지닌다. 경제학자 핼 배라이언은 이렇게 말했다. "여러분은 국회 의원에게 래퍼 곡선을 6분 만에 설명할 수 있을 겁니다. 그리고 그 국회 의원은 6개월 동안 그 곡선에 관해 떠들어 댈 겁니다." 래퍼 곡선은 노동 시장을 살아 있는 유기체로 그리며 정부의 조세 계획에 따라 반응을 달리하는 것으로 묘사한다. 그러한 시각은 오늘날에도 마찬가지다. 세금 인하의 '다이내믹 스코어링'dynamic scoring(세율 변화에 따른 사람과 조직의 행동 변화 및 정부 수입, 지출, 예산 결손 등을 예측하는 기술—옮긴이)은 루틴이며 '세금 인하가 성장을 촉진한다.'라는 생각은 널리 받아들여지다 못해 진부하기까지 하다.

스미스소니언 협회는 와니스키가 갖고 있던 래퍼의 천 냅킨을 현재도 보관하고 있다. 거기엔 이렇게 적혀 있다. "만약 상품 과세를 줄인다면, 만약 상품 보조금을 지급한다면, 일하는 노동자에게 과세하고 실업자에게 보조금을 지급한다면, 그 결과는 명확할 것입니다!" '도널드 럼즈펠드'에게 쓴 것으로 확인된 이 냅킨에는 1974년 9월 13일 '아서 래퍼'라고 서명까지 되어 있다.

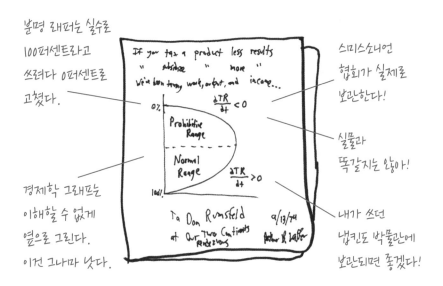

분명 래퍼는 실수로 100퍼센트라고 쓰려다 0퍼센트로 고쳤다.

경제학 그래프는 이해할 수 없게 옆으로 그린다. 이건 그나마 낫다.

스미스소니언 협회가 실제로 보관한다!

실물과 똑같지는 않아!

내가 쓰던 냅킨도 박물관에 보관되면 좋겠다!

래퍼에 따르면 천 냅킨은 그가 현장에서 실제로 사용한 것이 아니다. 몇 년 후 와니스키의 부탁에 따라 기억을 되살려 복원한 것이다. 원본은 종이 냅킨이었고 그는 절대 천에 낙서하지 않았다. 무엇보다 너무 깔끔하고 반듯하게 기록되지 않았는가! 래퍼는 〈뉴욕 타임스〉와의 인터뷰에서 "얼마나 보기 좋게 적었는지 보세요. 늦은 밤에 와인까지 한잔했는데, 솜씨 좋죠?"라고 말했다.

나는 래퍼를 믿는다. 와니스키도 위대한 이야기를 어떻게 전해야 하는지 잘 알았다. 그러나 현실은 늘, 약간 더 복잡한 법이다.

최고야!

순간 XIV.
최상의 견공

제14장

그 개는 알고 있다

미적분학이 개를 스타로 만들다

작가이자 만화가인 제임스 서버는 〈뉴요커〉에 '개가 원래 가지고 있는 고유한 장점'에 관한 글을 썼다. "사람들은 무척 감탄한다. 이상할 정도로 과장하고 꾸며 댄다." 아마 그런 이유로 미적분학을 잘 아는 웰시코기 엘비스가 그리 유명한가 보다. 신문들이 그렇게 아양을 떨고 TV 카메라가 바쁘게 촬영하고 명예 학위가 개뼈다귀처럼 엘비스 앞에 놓인 이유도 그런 것인가 보다. 그러나 우리는 엘비스의 직관 속에서 인간 지능 같은 걸 봤으며 이에 관한 과학의 지지도 얻었다.

한편 사람들이 그 강아지를 보며 가장 감탄하는 부분은 바로 작고 귀여운 얼굴이다. 호프 대학 수학 교수 팀 페닝스는 나에게 이렇게 말했다. "못생긴 개였으면 그렇게까지 효과적이진 못했을 거야."

이 이야기는 2001년으로 거슬러 올라간다. 그는 엘비스를 처음 본 자리에서 말했다. "나는 개를 키울 생각이 없어." 그러나 한 살이 된 강아지가 주저

없이 무릎으로 뛰어오르자 페닝스는 한번 키워 보기로 결심했다. "딱 6개월만이야." 하지만 둘의 사랑은 그로부터 12년이 지나도록 계속됐다. 엘비스는 페닝스의 사무실에서 낮잠을 자며 그의 수업에도 참석한다. "캠퍼스에서 유명해. 우리 학교의 비공식적 마스코트지."

수업이 없을 때 둘은 미시간호 동쪽에 있는 레이크타운 비치로 향한다. 페닝스가 호수에 테니스공을 던지면 엘비스가 호숫가를 따라 잽싸게 달리다가 물로 첨벙 뛰어든다. "엘비스 때문에 기억이 떠올랐어." 페닝스는 말을 이었다. "어라, 이건 내가 타잔-제인 문제를 낼 때마다 매번 그리는 경로인데."

"교수님한테 맡기세요." 나중에 한 학생이 CNN 인터뷰에서 무표정한 얼굴로 농담을 던졌다. "교수님은 물어 오기 게임을 미적분학 같은 걸로 망쳐 버릴 거예요."

오래전부터 전해 온 타잔-제인 문제는 이렇다. 타잔은 어리바리하다가 늪에 빠졌고 제인의 도움이 필요하다. 그러나 제인은 흐르지 않는 강(간단히 말해서 현재가 없는) 건너편에 있다. 그는 어떻게 해야 최단 시간 내에 타잔에게 갈 수 있을까?

첫 번째 선택: 대각선으로 곧장 타잔에게 간다. 이 경우 동선을 최소화할 수 있다. 그러나 수영 속력이 달리기 속력보다 느리다는 걸 고려할 때 수영만 해서 타잔에게 가는 것이 현명한 방법일까?

두 번째 선택: 정확히 타잔의 맞은편까지 달려간 후 거기에서 직각인 방향으로 수영한다. 이 경우에는 수영 시간을 최소화할 수 있다.(강이 절대로 흐르지 않아야 한다.) 그러나 전체 동선이 길어진다.

이 두 극단 사이에 여러 선택지가 있다. 강변을 따라 달리다가 적절한 지점에서 대각선으로 수영하는 것이다.

이 문제는 미적분학을 위해 고안됐다. 어느 지점에서 물로 뛰어드는지가 전체 시간에 영향을 미친다. $\frac{d시간}{d뛰어드는\ 지점}$ 이 0인 곳을 찾자. 바로 가장 짧은 시간이 걸리는 지점이다.

우리 엘비스가 똑같은 문제에서 최적의 경로를 찾아낼 수 있을까? 페닝스는 자신의 논문에 〈개들도 미적분학을 이해하는가?〉Do Dogs Know Calculus? 라는 제목을 달았다.

첫째, 우리는 변수를 정의해야 한다. 엘비스의 달리기 속력은 r, 수영 속력은 s다. 그리고 공부터 엘비스까지 수직 거리는 x고 수평 거리는 z다.

마지막으로 y를 정의한다. 다음 그림과 같다.

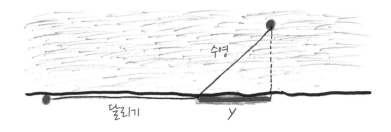

변수를 정리하고 나서 페닝스는 다음과 같은 식을 얻었다.

$$y = \frac{x}{\sqrt{\left(\frac{r}{s}\right)^2 - 1}}$$

놀랍지 않은가? 하지만 많은 변수를 담고 있어도 빠진 게 있다. 식에 z가 없다.

페닝스는 학생들에게 이 점을 강조했다. 그리고 다음과 같이 물었다. "만약 10미터 더 뒤에서 공을 던졌다면 엘비스는 어떻게 해야 했을까?" 즉 z가 그만큼 커졌다면 y에는 어떤 변화가 있을까?

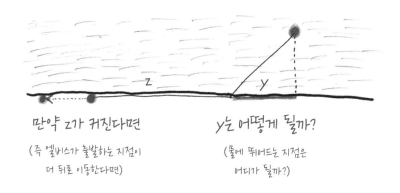

(a) 같은 거리만큼 출발점 쪽으로 당겨진다.
(b) 출발점과 가까워지겠지만 동일한 거리만큼 움직이는 것은 아니다.
(c) 처음과 똑같다.
(d) 출발점 반대쪽으로 떨어진다.

90퍼센트 넘는 학생들이 (b)라고 답했다. 그러나 페닝스는 식에 z가 없음을 강조했다. 그 말은 최적 경로는 z에 의존하지 않는다는 뜻이다. 출발점이 얼마나 뒤로 당겨지는지와는 전혀 상관없이, 즉 100센티미터이든 100미터이든 100킬로미터이든 관계없이 엘비스는 같은 지점에서 물에 뛰어들어야 한다.

y는 z에 영향을 받지 않는다.
(즉 물에 뛰어드는 지점은 출발점과 관계가 없다.)

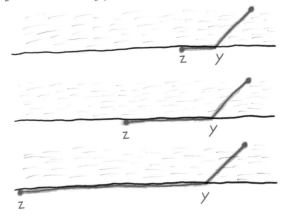

페닝스는 학생들에게 말했다. "모두 무슨 말인지 알겠지? 정답은 분명해 보였지만 수학은 여러분의 직관과 다르게 우리를 갈라놓았어."

엘비스는 공을 갖기 위해 모래 위를 달려 물결을 가를까? 이 개는 학생들이 헤맸던 문제를 영리하게 풀어낼 수 있을까? 페닝스와 엘비스 그리고 도움을 준 한 학생까지 셋은 온종일 호숫가에서 데이터를 모았다. 첫째, 엘비스의 속력을 측정했다. 땅 위에선 초속 6.4미터로, 물속에선 초속 0.91미터로 움직였다. 둘째, 페닝스는 호숫가를 따라 30미터짜리 줄자를 설치했다. 그리고 서른다섯 번 공을 던졌다. 그리고 엘비스가 물로 서른다섯 번 뛰어들 때마다 매번 바짝 뒤쫓았다. 그리고 개가 뛰어든 지점을 표시하기 위해 그때마다 드라이버를 땅에 꽂았다. 또 매번 물에 같이 뛰어들어 엘비스가 공을 물기 전에 공과 물가 사이의 거리를 측정했다.

"지금 뭐 하는 거예요? 드라이버를 들고 왜 개를 뒤쫓아요?" 지나가던 행인이 물었다.

"네, 과학 실험 중입니다." 페닝스는 수학의 새 역사를 쓰고 있다는 거창한 답변 대신 짧게 대답했다.

앞서 완성한 그의 식을 보면 공과 물가 사이 거리인 x가 엘비스가 호수에 뛰어드는 지점인 y와 비례한다. 그렇게 서른다섯 개 데이터를 그래프에 표시했을 때(그중 두 개는 제외했는데 엘비스가 워낙 열의에 차 공을 던지자마자 곧장 물속으로 뛰어들었기 때문이다. 물론 '모범적인 학생'이라면 그런 데이터라도 함부로

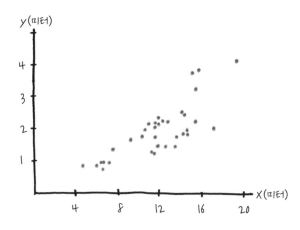

제외하지 않겠지만.) 페닝스는 인상적인 결과를 얻었다.

페닝스는 자신의 논문을 〈컬리지 매스매틱스 저널〉에 제출했다. 편집자 언더우드 더들리는 즉시 그것을 승인했고 엘비스의 사진을 표지에 실었으며 페닝스에게 메일을 보냈다. "미래 세대가 이 논문을 읽는다면 그들은 '당시에 굉장한 인물들이 있었어.'라고 이야기할 것이며, 그 말은 분명 옳습니다."

〈시카고 트리뷴〉, 〈볼티모어 선〉, NPR, BBC가 이 이야기를 포착했다. 영국 왕실에서 보낸 편지에는 여왕의 호의가 담겨 있었다. 〈위스콘신 스테이트 저널〉 1면을 엘비스가 그래프와 함께 장식하기도 했다. 수학 대중화에 힘써 온 키스 데블린은 자신의 책 《수학 본능》The Math Instinct에서 엘비스 사례를 한 장이나 할애했고 '개들도 미적분학을 이해하는가?'를 책 제목으로 제안하기도 했다. 출판사는 그를 만류했는데 '미적분학'이라는 단어가 독자에게 겁을 줄 수 있다는 이유에서였다.(재밌는 이야기다. 나도 출판사에서 똑같은 말을 들었다.)

이 논문의 장점은 (엘비스도 마찬가지로) 그 단순함에 있다. 페닝스는 이렇

게 말했다. "아마도 수학자 수백 명이 자책했을 겁니다. '젠장, 내가 먼저 우리 집 개랑 실험할 수 있었는데!'"

프랑스에서는 심리학자 피에르 페뤼셰와 수학자 조르주 갈레고가 한 걸음 더 나아갔다. 우선 그들은 살사라는 이름의 래브라도레트리버와 똑같은 실험을 했다. 그들은 페닝스의 해석에 다음과 같은 날카로운 질문을 던졌다. 즉 엘비스는 실제로 최적의 경로를 선택하기 위해 모든 경로를 훑어봤을까? 개에게 몹시 어려운 일 같았다. 두 연구자는 이렇게 기록했다. "논문은 개가 출발하기 전에 모든 경로를 계산할 수 있는 것처럼 암시한다."

그들은 다른 해석을 제시했다. "개는 그때그때 자신의 행동을 최적화하려는 것 같다." 즉 처음부터 모든 경로를 훑는 게 아니라 주어진 순간에 더 달릴지 물에 뛰어들지를 결정한다는 것이다.

공에서 멀리 있을 때는 달리기가 훨씬 빠르다. 그러나 가까울 때는 달려 돌아가는 것보다 수영하는 것이 최선이다. 엘비스가 사전에 모든 경로를 파악할 필요는 없다. 단지 자신의 달리기 속력과 수영 속력을 알고 단계별로 더 빠른 수단을 선택하면 된다.

이런 전략으로도 동일한 경로를 선택하게 된다. '굳이 복잡한 무의식적인 계산'을 미리 하지 않고도 말이다.

그러므로 개들이 실제로 미적분학을 아는 건 아니다.

프랑스 학자들의 논문 〈개들은 최적화보다 관계 비를 더 잘 아는가?〉Do Dogs Know Related Rates Rather Than Optimization?의 경우, 공교롭게도 페닝스가 이 논문을 논문집에 실을지 검토하게 되었다. 그는 '와, 깔끔하게 정리했군!'이라고 생각했다. 그리고 승인 도장을 찍었다.(진정한 학자는 공정한 법이다.)

일주일 뒤 어느 뜨거운 오후, 페닝스가 엘비스와 물속에서 느긋하게 공 던지기 놀이를 하고 있었다. 페닝스가 공을 던지면 엘비스가 첨벙거리며 공을 도로 물어 왔다.

그는 타잔-제인 문제를 처음 떠올린 그날을 회상하며 말했다. "어느 순간 내가 공을 멀리 던졌어. 그랬더니 엘비스가 물 밖으로 나가더니 땅에서 달린 다음 다시 물속으로 들어오는 거야." 페닝스는 입이 떡 벌어졌다. "봐 봐! 엘비스는 공을 향해 곧장 직진하지 않았어. 엘비스는 그때그때 판단하는 게 아니라 상황 전체를 이해한 거야!"

엘비스가 임기응변으로 순간에 대응한다면 왜 물 밖으로 나갔겠는가? 그러면 공과 더 멀어지지 않는가? 상황 전체를 파악하는 능력이 있어야 물 밖으로 나가는 경로도 선택할 수 있다. 그 결과로 〈개들은 분기를 이해하는가?〉Do Dogs Know Bifurcations? 라는 엘비스에 관한 또 다른 논문이 나왔다.

수년간 페닝스와 엘비스는 여러 곳을 함께 다니며 강연했다. 강연이 끝날 무렵이면 그는 청중 앞에 놓인 탁자 위에 개를 올려놓는다. "자, 여러분은 엘비스의 눈과 귀를 보고 계십니다." 청중들은 조용히 집중하고 페닝스는 엘비스에게 다음과 같이 묻는다. "엘비스, x^3의 미분이 뭐지?"

모든 사람의 시선이 쏠리고 개는 고개를 세운 채 그를 바라본다.

"여러분, 보이십니까?" 페닝스는 소리친다. "엘비스가 뭘 하고 있는지 보이십니까?" 또 다른 침묵이 흐른다. "아무것도 안 하고 있습니다. 제가 질문했지만 아무런 반응도 없습니다."

사실을 말하자면 개는 미적분학을 모른다. 그러나 자연 선택은 강력하다. 개 한 마리가 더 빨리 먹이에 접근할 수 있다면 생존 가능성은 그만큼 더 커진다. 그러므로 세월이 흐를수록 더 효율적인 경로를 활용하게 되고 그만큼 개체 수가 증가한다. 세대가 지나면서 개들이 자연스레 미적분학을 '깨우친' 셈이다. 같은 이유로 벌은 육각형 모양 벌집으로 공간 낭비를 최소화하고, 가지를 내뻗은 폐는 표면적을 최대화하며, 포유류의 동맥은 피 역류를 최소화한다. 좀 특이한 모습이지만 이렇듯 자연은 미적분학을 이해하고 있다.

내셔널 퓨어브레드 도그 데이 닷컴National Purebred Dog Day.com은 "우리는 페닝스가 왜 그렇게 놀랐는지 모르겠다."라고 말하며 다음과 같이 덧붙였다. "엘비스는 펨브룩 웰시코기다. 그 종이 얼마나 똑똑한지 우리 모두 잘 안다."

엘비스는 호프 대학에서 명예 학위를 받았다. 공식 증서가 수여됐고 오렌지색 휘장도 둘렀다. 페닝스는 엘비스에게 명함도 만들어 주었는데 '개 PhD' dog philosophiæ doctor라는 라틴어 문구를 좀 줄여 보려다가 엉겁결에 '개 부인과 의사'dog gynecologist라고 바꾸고 말았다. 어쨌거나 선도적 역할을 한 개를 위한 역사적 순간이었다.

페닝스는 이메일로 자신이 수년간 품어 온 아이디어를 나와 공유했다. '강아지가 설명하는 수학'Mathematics as Explained by a Dog이라는 제목의 책을 출간하는 거였다. 엘비스의 사진과 함께 미적분학 최적화와 관계 비, 분기와 카오스 이론, 교양 과목의 가치, 모델링에 관한 내용을 다루고자 했다.(예를 들면 '엘비스는 물에 들어가자마자 실제로 수영을 시작하는가?'를 따졌다. 왜냐하면 아무리 얕은 곳에서도 웰시코기의 발은 바닥에 닿질 않는다.) 아, 그리고 두 번째 이메일에 따르면 겸손도 책에 담겠다고 했다. 엘비스는 x^3의 미분을 모르지만 박사 학위를 가진 이 개에게 우리는 배울 점이 많다.

2013년에 엘비스는 무지개다리를 건넜다. 제임스 서버는 말했다. "어느 개도 죽음을 달가워하지 않는다. 그러나 나는 이제껏 죽음에 대한 공포를 보인 개를 보지 못했다. 죽음은 그들에게 마지막으로 피할 수 없는 충동이자 마지막으로 벗어날 수 없는 냄새다."

페닝스는 나에게 말했다. "엘비스는 개로 태어나 평생을 살았지만 정말로 좋은 친구였어."

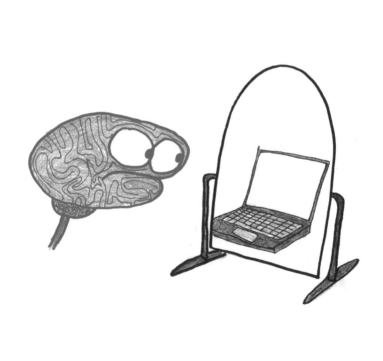

순간 XV.
탁월한 엑셀

제15장

칼큘무스!

미적분학이 모든 문제를 영원히 해결하다

여러분도 잘 알다시피 수학은 알파벳과 숫자와 구두점 등 다양한 기호로 가득하다. 이상적으로 말하자면 수학을 열심히 공부하는 당신은 다양한 기호가 무엇을 의미하는지 모두 알아야 한다. x의 의미가 '시간'인지 '공간'인지, y의 의미가 '연'year인지 '얌'yam(열대 뿌리채소의 하나—옮긴이)인지, zzz의 의미가 'z^3'인지 '코 고는 소리'인지 얼른 눈치채야 하지 않겠는가. 기호마다 의미가 있고 의미마다 기호가 배정되어 있다.

흠, 그러나 '이상적'인 건 이상적일 뿐이다. 여러분은 교실에서 수학 공책에 기호를 빼곡하게 적어 두고 의미는 이해하지 못한 채 암기만 하는 학생을 쉽게 찾아볼 수 있다. 아이는 술술 자동으로 써질 때까지 반복하고 연습만할 뿐이다. x항끼리 더하거나 뺄 때 계수는 적절히 처리하며 잘 모르겠어도 어쨌든 마침표를 찍는다. 수학 숙제는 외국어로 시를 읽는 것과 같아서 '왜' 그렇게 되는지 신경 쓰는 것보다 '어떻게' 계산하는지가 중요하다. 하지만 우리는 숙제를 '어떻게 빨리 끝낼 수 있을지'에만 관심을 기울인다. 프란츠 카프카의 《심판》에서 이 상황과 어울리는 적절한 문장을 인용해 본다. "잘 이해되지 않는 추상적인 느낌을 주는데 그게 왜 그런지 이해할 필요는 없다." 분명히 카프카는 전제주의적 관료 체제를 논한 것인데 수학 수업과 어떤 차이가 있는지 모르겠다.

그렇다면 구체적인 의미는 어떻게 해서 추상적인 기호로 변질하는가? 눈을 부릅뜨시라. 가능한 이유를 보여 주겠다. 가로가 A, 세로가 B인 다음의 직사각형을 예로 들어 보자. 이 사각형의 넓이는 AB이다.

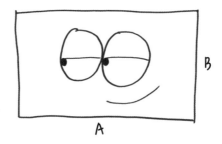

이제 해마다 팽창하는 도시처럼 사각형 넓이가 시간에 따라 바뀐다고 상상해 보자. 가로 A는 A'의 속도로 바뀌고 세로 B는 B'의 속도로 바뀐다.

여기서 질문하겠다. AB는 얼마나 빨리 확장하는가?

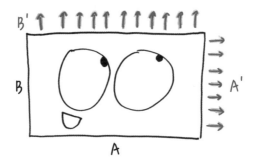

이는 미적분 영역이니 찰나의 순간을 따져 보겠다. 짧은 순간에 가로는 무한소만큼 증가한다. 즉 dA 또는 A'만큼 커진다. 마찬가지로 세로 역시 dB 또는 B'만큼 커진다.

증가분은 세 부분으로 이루어져 있다. 오른쪽에 있는 세로로 길고 가는 부분, 위쪽에 가로로 길고 가는 부분, 둘 사이 구석에 있는 아주 작은 정사각형이다. 제10장에서 살펴보았듯이 작은 정사각형의 넓이는 무시할 수 있다. 즉 길고 가는 부분이 사람 머리카락과 같다면 작은 정사각형은 머리카락 세포 하나 크기에 해당할 것이다. 그러므로 계산에서 제외가 가능하다.

자, 그러면 길고 가는 두 부분의 넓이는 각각 얼마인가? 하나는 $A' \times B$이며 다른 하나는 $B' \times A$다.

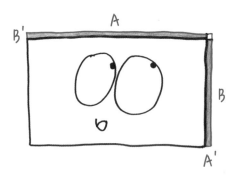

이제 사각형의 팽창률은 두 부분의 합이므로 다음 식과 같다.

$$AB의\ 미분 = A'B + B'A$$

어떤가? 설명이 훌륭하지 않은가? 자, 모든 걸 도로 잊어버릴 시간이 도래했다. 사각형과 팽창률, 계산 과정과 기하학적 의미를 잊을 때가 왔다. 여러분과 내가 만났다는 사실도 잊자. 여러분 기억 속에는 $(AB)'=A'B+B'A$라는 마지막 공식 한 줄만 남기면 된다.

이제 그 공식을 $x\sin(x)$, $e^x\cos(x)$, $(x+7)^{10}(3x-1)^9$에 적용해 보자. 그 밖에 물리학, 경제학, 생물학, 점성술학에도 적용해 보자. 아무 생각 없이 로봇처럼 자동으로 계산하면 된다.

이런 식의 '손 계산'은 미적분학의 본질이다. 껍데기가 아니다.

미적분학은 관료 체제 같은 하나의 체계로서 형식을 갖춘 공식의 집합이다. 어원을 살펴보면 미적분학은 라틴어로 '조약돌'pebble이며, 여기서 조약돌은 주판에 있는 작은 돌을 가리킨다. 주판은 기계적 계산의 본질로써 미적

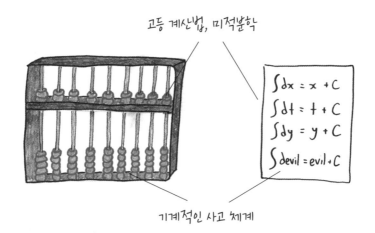

고등 계산법, 미적분학

$$\int dx = x + C$$
$$\int dt = t + C$$
$$\int dy = y + C$$
$$\int devil = evil + C$$

기계적인 사고 체계

분 또는 고등 계산법의 밑바탕이 된다.

20세기 수학자 블라디미르 아르놀드는 라이프니츠가 만든 미적분학을 "미적분학을 잘 이해하지 못하는 교사들이 미적분학을 절대로 이해하지 못할 학생들에게 가르치기 적절한 형태."라고 언급했다.

3도 화상급 마음의 상처가 될 수 있는 발언이다. 그러나 그의 비판은 꽤 옳다. 17세기 초만 하더라도 손 계산, 즉 '대수학적 계산'은 유행이 아니었다. 철학자 토머스 홉스는 이렇게 말했다. "각종 기호는 바람직하지 않고 흉하지만 설명에 필요한 발판이 된다. 그러나 대중적으로 알려져서는 안 되며 필요한 분야 안에서 한정적으로 사용해야 한다." 홉스 홀로 비난한 것이 아니다. 당시 수학계는 다루기 힘든 대수학보다 견고한 기하학을 선호했다.

그러나 홉스의 지적에도 한계가 있었다. 어떤 학생이라도 다음과 같이 반문할 만했다. 그렇다면 우리는 손으로 계산하는 대신 모든 과정을 이해해야 한단 말인가요! 절대 쉽지 않은 일이다.

많은 수학자가 뉴턴과 라이프니츠 이전에 미분과 적분을 다뤘다. 그러나 그들의 계산 방식은 임기응변에 가까웠다. 라이프니츠가 만든 미적분학의 핵심은 일회성이 아닌 통일된 체계였다. 100년 후 수학자 카를 가우스는 다음과 같이 전했다. "미적분학 없이 도달하지 못한다면 미적분학이 있어도 도달할 수 없다."

인생의 암흑기 시절에 나도 비슷한 말을 했다. 그러나 가우스는 미적분학의 심오한 가치를 알았다. "누구든지 미적분학에 숙련된다면 천재적 영감 없이는 건드릴 수 없는 문제들도 기계적으로 풀어낼 수 있다……."

내 학생들도 미적분학 공식을 기계적으로 적용해 사용하고는 한다. 예를 들어 틀린 공식이지만 그럴듯해 보이는 $(AB)'=A'B'$의 경우, 라이프니츠가 초창기에 그랬던 것처럼 오류를 모르고 되풀이해 사용한다.

미적분학은 애초에 자동적으로 생각하도록 설계되었다.

1680년 라이프니츠는 철학에서 가장 어려운 개념 중 하나인 무한소를 다듬었다. 다른 개념이라고 다듬지 못했을까? 해결하지 못할 게 있었을까? 그는 모든 가능한 아이디어를 표현할 수 있는 언어를 상상했다. 문법은 논리 그 자체이자 일종의 국제 공용어로서 모든 탐구를 산술 계산처럼 기계적이고 규칙에 지배받도록 만들지도 모른다. 라이프니츠는 이렇게 언급했다. "논증은 글자의 교환으로 이루어질 것이다." 즉 논증조차 기계적 계산으로 이루어진다는 뜻이다. 그러고는 "누군가 내 결론을 의심한다면 나는 그에게 이렇게 말하겠다. '칼큘무스Calculemus 씨, 계산만 하면 됩니다.' 그 후 펜과 잉크로 우린 곧 문제를 풀어낼 것이다."라고 말을 이었다.

라이프니츠의 꿈속에서는 모든 게 미적분학이었다.

아, 그러나 그 꿈은 이뤄지지 못했다. 라이프니츠는 말년을 독일 하노버에서 족보 연구를 하며 보냈는데, 몹시 화가 난 그의 개인 고용주가 빨리 계보를 마무리하라고 그를 다그쳤다. 여기에 학생들에게 도움이 될 교훈이 숨어 있다. 숙제는 제시간에 빨리 제출하자.

더 심각한 문제는 뉴턴과의 우선순위 논쟁이었다. 당시에는 뉴턴이 미적

분학을 발명했다고 여겼다. 라이프니츠가 먼저 발표했지만 앞서 아이디어를
낸 건 뉴턴이었고 그는 논쟁에도 능했다. 대중은 라이프니츠가 아이디어를
훔쳤다고 판단했다. 수학자 스티븐 울프럼은 미적분학을 둘러싼 이 분쟁이
전환점이 되었다고 말한다.

> 뉴턴이 이겼을 때 나는 이 논쟁이 신뢰를 놓고 벌이는 다툼이 아니
> 라 과학을 사고하는 방식에 관한 문제였다는 것을 깨달았다. (……)
> 라이프니츠는 좀 더 철학적이고 포괄적인 견해를 갖고 있었다. 미적
> 분학이 특수한 개념에 불과한 게 아니라 좀 더 보편적인 도구로서
> 영감을 줄 수 있다는 게 그의 입장이었다.

오늘날 우리는 라이프니츠가 무엇을 지향하고자 했는지 깨달았다. 그의
책《보편적 특징》Characteristica universalis에서뿐만 아니라 어려운 소송 사건을
체계화한 논문에서도 찾아 볼 수 있다. 또 1과 0으로 이루어진 선구적인 이
진법 체계를 개척하고 수십 년을 들여 역사상 최초로 네 가지 기능을 갖춘

기계식 계산기를 개발한 노력에서도 알 수 있다.

즉 수 세기 전에 라이프니츠는 컴퓨터 시대를 향하여 전력 질주를 했다.

컴퓨터는 이 시대의 '보편적 특징'이다. 논리가 무엇을 표현하든 컴퓨터는 실행에 옮길 수 있다. 곱하고 나누고 소수를 찾고 사진에 개 코를 덧입히고 여러분이 고전 회화 작품 속 인물 중 누구를 가장 닮았는지도 말해 줄 수 있다. 컴퓨터는 배울 수 있고 창조할 수 있다. 생각하는 장치이자 완벽한 기계적 계산기이며 이것이 계산한 결과가 우리 현실의 핵심을 구성한다.

실제로 오늘날 모든 것이 미적분학의 일종이다.

울프럼은 "역사가 다르게 흘렀다면 라이프니츠는 현대 컴퓨터와 직접적인 관계가 있었을 것이다."라고 말했다. 우리 역사는 우회해 왔다. 17세기 라이프니츠의 혁신은 18세기 대수학적 계산으로 이어졌고 이는 19세기 엄격한 공리화axiomatization로 이어졌다. 엄격한 공리화는 20세기 형식 체계와 계산 가능성으로 이어졌고 그 둘은 다시 21세기에 노트북 컴퓨터가 되어 내가 횡설수설 이 책 원고를 작성할 수 있도록 했다.

198

라이프니츠는 승리했는가 패배했는가? 우리는 역사가 그를 부정한 세상에 살고 있는가? 아니면 그의 거대한 꿈속에 앉아 있는가?

답을 알아낼 방법은 오직 하나뿐인 듯하다. 나의 친구 **칼큘무스**여, 어서 펜과 종이를 손에 쥐시게.

들으라, 떨어지는 물방울이여.

후회 없이 단념하라. 그리고 바다를 얻으라. _루미(RŪMĪ)

제2부 | 영원

영원 XVI.
다재다능한 학자의 책꽂이

circle 그리고 원, 집단, 서클

미적분학이 오이를 자르다

칵 테일파티에 왔다. 손에 잔을 들고 잡담을 나누며 치즈를 살핀다. 들뜬 분위기가 만족스럽다. 누군가 내 직업을 물어보기 전까지는 그랬다. 내 답변을 들은 사람은 마치 나를 범죄 조직에서 일하거나 부패한 판사거나 아니면 재난을 막기 위해 이 파티에 참석한 모든 이를 살해하러 온 시간

골치 아픈 수학 이야기는 안 꺼낼게요. 약속해요.

거짓말!

그쪽과의 대화는 이쯤에서 그만둬야겠어요.

엉덩이에 전갈이 올라탄 것 같아요. 끔찍해!

여행자로 대하는 듯했다. 단지 나는 "수학 교사예요."라고 사실대로 말했을 뿐인데.

이봐요들, 알았어요. 사람들이 수학의 아름다움에 대해서 항상 정당하게 평가하는 건 아니다. 내가 수업에서 '원'circle이라고 말했을 때도 존 던의 시("그대의 굳건함은 나의 원을 바르게 만들고, 내가 출발했던 곳으로 되돌아오게 한다.")를 떠올리는 학생은 거의 없었다. 또한 우주에 관한 파스칼의 시각("무한한 구로서 어디든 그 중심이 될 수 있고 어디에도 그 둘레는 없다.")을 되뇌는 학생도 없었다. 그들은 원의 넓이를 구하는 공식이나 교과서 연습 문제 아니면 원주율 π의 숫자들을 기억해 냈을 뿐이다.

나는 수학의 명예를 되살려야 한다는 압박을 받았다. 분명 파티에 참석한 사람들도 수학에서 좋아하는 부분이 있을 것이다. 나는 테이블에 놓인 전채를 다람쥐처럼 허겁지겁 먹으며 물었다.

"이 오이 조각의 넓이는 얼마나 될까요?"

나와 대화하던 사람이 눈살을 찌푸리며 대답했다. "이상한 질문이네요."

"맞아요!" 나는 맞장구쳤다. "이상한 질문이죠. 왜냐하면 넓이는 제곱인치나 제곱센티미터 같은 사각형의 형태로 정의되니까요. 이 피클 조각은 원의 형태라 측정하기 어렵죠. 그러면 어떻게 해야 할까요?"

나는 칼을 꺼내 들었다. 그는 겁을 먹고 도망갈 수도 있었을 텐데 다행히도 곧 내가 하는 행동을 가만히 지켜봤다.

"아하, 적절히 썰어 내면 되겠군요." 그가 말했다.

나는 오이를 작은 파이 모양으로 잘라 총 여덟 조각으로 나누었다. 그리고 배열을 달리해 원래 오이와 넓이는 같지만 모양은 다르게 바꾸었다.

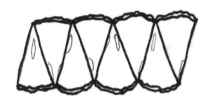

그가 말했다. "사각형 모양에 가까워졌네요. 사각형 넓이는 구하기 쉽죠. 너비와 높이를 곱하면 되니까요."

"너비와 높이가 얼마일까요?"

"글쎄요, 너비는 오이 둘레의 절반이고 높이는 반지름 아닌가요?"

"그럼 이제 문제가 풀린 걸까요?"

"아니요." 그는 말을 이었다. "이건 정확하게 말하면 사각형이 아니에요. 울퉁불퉁하니까요."

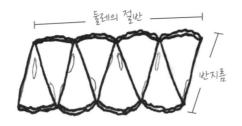

"맞아요. 직선이 아니죠. 그럼 어떻게 해야 할까요?"

머리를 맞대고 고민하다가 우리는 다른 오이 조각을 가져와 스물네 조각으로 썰었다. 그리고 좀 더 평평한 사각형이 되도록 공들여 배열했다. 다른 사람들도 구경하려고 몰려들었다. 감탄스럽고 놀랍기 때문인지 아니면 지루하고 지긋지긋해서인지 굳이 구별할 필요는 없었다.

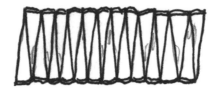

그가 말했다. "좀 더 그럴듯하네요! 근데 여전히 부족해요."

우리는 또 다른 오이 조각을 가져와 더 얇게 썰었다.

"이제 제법 사각형 같지 않아요?" 내가 물었다.

한숨이 이어졌다. "아니요, 아직도 위아래가 울퉁불퉁해요. 아주 얇게 썰어도 마찬가지일 거예요."

"그래요, 삐뚤빼뚤하죠."

"사각형을 제대로 만들려면 오이를 무한히 잘게 썰어야 할 거예요. 하지만

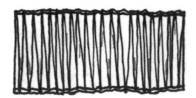

그건 불가능하죠." 그가 쭈뼛거렸다. "그렇지 않아요?"

불가능하든 불가능하지 않든 지금으로부터 2400년 전, 지금의 터키 지역에서 태어난 수학자 에우독소스는 그것을 해냈다. 우리는 그의 접근 방식을 실진법method of exhaustion, 悉盡法이라 부른다. 지루해서가 아닌(exhaustion은 '기진맥진', '소진'이라는 뜻이 있다.―옮긴이) 어떤 차이가 점점 제거 또는 '소진'되었기 때문이다. 즉 '실제 사각형'과 사각형에 가까운 '삐뚤빼뚤한 사각형' 사이의 차이가 점점 제거되는 것이다. 아무튼 이 과정을 계속 되풀이하면 우리는 원래 오이의 넓이와 사각형의 넓이가 같다는 사실을 알 수 있다. 즉 둘레의 절반과 반지름을 곱한 값이 정답이다.

공식으로 정리해 보면 $\frac{원의\ 둘레(l)}{2} \times$ 반지름(r)이다.

우리는 적분의 기본 원리를 살펴보았다. 문제가 되는 조각을 무한히 작은 조각으로 자른 다음 간단한 모양으로 재배치해 결론을 이끌어 낸다. 이러한 절차가 적분의 청사진을 제공한다.

이 시점에서 그는 아마 와인에 취했을 것이다. 당연한 결과다. 우리는 서로 인사하고 명함을 교환하지만 그 후로 절대 대화하지 않을 게 분명했다. 명함 교환에는 이런 속내가 숨어 있으니까. "이젠 두 번 다시 보지 맙시다."

아니면 반대로 궁금증이 더 폭발할 수도 있다. 그는 와인을 한 잔 더 따르고 나는 주머니에 치즈를 더 챙긴다. 그리고 깊이 한숨을 들이켠 다음 다시 수학의 세계로 빠져든다.

"공식이 멋있어요." 그가 말을 이었다. "그런데 학교 다닐 때 외웠던 건 아니에요."

"그건 우리가 원의 넓이를 원의 둘레로 정의했기 때문이에요. 그리고 아직 원의 둘레가 얼마인지는 구하지 않았어요."

"그러면…… 어떻게 하면 되죠?"

일단 우리는 짧은 역사 여행부터 시작했다. 중국 수학의 토대가 되는 책은 《구장산술》九章算術이다. 책 이름이 9장이라니? 중국에는 《몽계필담》夢溪筆談 같이 제목이 근사한 수학책도 있다. 아무튼 《구장산술》은 수백 년 동안 편집되면서 산수부터 기하학, 행렬 계산까지 여러 가지가 섞이며 '수학의 바이블'이 되었다.

그런데 이 책에는 문제가 있다. 바로 설명이 없다. 풀이는 모아 두었지만 전후 맥락이 없어 교과서로서는 최악이다.

3세기 수학자 유휘가 그 틈을 파고들었다. 그가 《구장산술》을 썼다는 건 아니고 대신 펜을 들어 해설을 달았다. 유휘는 뛰어난 독자로서 낡고 오래된 책에 주석을 달아 새 생명을 불어넣었다.

원전은 원의 둘레에 대한 언급을 피했지만 유휘는 그렇지 않았다. 그의 설명을 따라 하기 위해 나는 과일에 꽂힌 이쑤시개를 한 움큼 가져왔다. 그리고 그걸로 오이의 표면에 삼각형을 만들었다.

"자, 보세요, 원의 둘레예요!"

내 말에 그는 눈썹을 치켜올렸다. 나는 설명을 이어 나갔다.

"삼각형의 각 변은 오이 지름의 $\frac{\sqrt{3}}{2}$이에요. 그러니까 전체 길이는 $\frac{3\sqrt{3}}{2}$, 즉 지름의 약 2.6배죠."

"그런데 이건 삼각형의 둘레잖아요. 원이 아니에요."

"맞습니다. 누가 곡선의 길이를 잴 수 있겠어요? 우리는 직선으로 근사치를 구할 수밖에 없어요."

"그렇다면 이렇게 하는 편이 더 낫지 않겠어요?" 그는 재빨리 삼각형 대신 육각형을 만들었다.

"육각형이군요! 이 육각형의 둘레는 이제 지름의 3배예요. 원의 실제 둘레가 그쯤 되죠. 그렇죠?"

우리는 《구장산술》에 나오는 예를 재현해 보았다. 여기서 조금 더 나아가면 유휘처럼 삼각형이던 도형은 십이각형에 이르게 된다.

삼각법으로 십이각형의 둘레를 계산하면 그 값으로 $3\sqrt{6}-3\sqrt{2}$를 얻을 수 있다. 대략 지름의 3.11배다.

실제 원의 둘레에 훨씬 가까워졌지만 아직 원주율과 일치하는 값은 아니다.

유휘는 다음과 같이 기록했다. "더 잘게 나누고 나누어서 더는 나눌 수 없는 정도가 되면 원의 둘레에 일치하는 다각형을 그릴 수 있다." 그 과정은 끝이 없지만 실젯값에 수렴한다. 이쑤시개를 점점 더 작게 쪼개다 보면 결국 무한소에 이르고 정확한 원의 둘레를 구하게 된다.

그렇게 유휘는 192각형을 만들었다. 5세기 무렵 수학자이자 역학자인 조충지가 더 깊이 파고들어 3072각형을 만들어 냈는데, 이는 굉장히 정확한 값으로 이후 1000년간 어느 누구도 그 수치를 넘어서지 못했다. 그가 구한 원의 둘레는 지름의 3.1415926배였다.

굉장히 익숙한 숫자이지 않은가?

오늘날처럼 π 데이 같은 기념일에 파티를 하거나 몇 페이지에 달하는 긴 숫자를 외우는 π 마니아들이 과거에도 있었다. 15세기 인도와 페르시아의 학자들은 기초적인 계산으로 π를 소수점 열다섯 번째 자리까지 구했다. 1800년대에는 수학자 윌리엄 섕크스가 10년간 끈덕지게 물고 늘어져 손으로 계산한 결과로 소수점 707번째 자리까지 구했고, 그중 527번째 자리까지는 그 값이 정확했다. 오늘날 슈퍼컴퓨터는 수백 조 자리에 달하는 π 값을 계산한다. 이를 출력해서 책으로 펴내면 하버드 대학교 도서관을 꽉 채우고도 남을 것이다. 그 지루한 걸 누가 다 읽을까?

우리가 지금까지 찾은 원주율 값보다 더 정확한 수치를 얻는 건 무리다. 새로 발견한 숫자들이 쓸모 있지도 않다. 소수점 앞 몇십 자리 외에는 굳이 '필요하지 않다.' 그렇다면 왜 π 값을 구하는 데 혈안이 되었던 걸까?

내가 생각할 때 그 이유는 간단하다. 인간은 측정하길 원하고 원주율은 자신을 쉽게 허락하지 않는다. 마치 지구의 무게나 달까지의 거리 또는 은하계에 있는 별의 총 개수를 측정하는 것과 같다. 사실 π는 다루기가 더 어려운데 그 값이 시간에 따라 변하지 않기 때문이다. 그 값은 논리 정연한 우주 속에 고정된 상수로 남아 있다. 시인이자 노벨 문학상 수상자인 비스와바 심보르스카는 π를 이렇게 노래했다. "숫자들의 가장행렬이 느릿느릿 영원을 향해 나아간다. 계속 나아간다."

고대 수학자들은 원을 무한히 작은 조각으로 나누었다. 더 정확한 값을 알기 위해서였다. 돌이켜 보면 그들의 노력이 어디로 향했는지 깨닫게 된다. 바로 적분의 시작이었다.

나는 이 책에서 적분을 다루는 부분에 '영원'이라는 이름을 붙였다. 가장 큰 이유는 '순간'에 대비되는 개념이기 때문이다. 다른 누군가는 적분에 관한 이야기에 '서사시'나 '전체' 또는 '바다'라는 제목을 붙일 수도 있겠다.

이때 나와 대화하던 상대가 아래를 내려다봤다. 내 시선도 따라갔다. 카펫에 이쑤시개와 오이 조각들이 마구 흩어져 있었다. "치워야 할 것 같아요." 내 말이 끝나자마자 그는 내 손에 뭔가를 쓱 남기고는 조용히 떠나 버렸다. 그의 명함이었다.

"인문 과학은 이해하기 위해 모든 걸 산산이 부수고 ……

…… 탐구하기 위해 그것을 죽인다."

– 《전쟁과 평화》 중에서

영원 XVII.

레프 톨스토이, 수염 난 천재

제17장

《전쟁과 평화》와 적분

미적분학이 역사를 변혁하다

레 프 톨스토이의《전쟁과 평화》는 150년 전에 출간되었지만 그때부터 눈이 빠질 정도로 읽기 시작한 독자들이 오늘에서야 겨우 다 읽었을 정도로 매우 길고 방대하고 포괄적이다. 물론 그 내용이 무척 인상적이었던 듯하다. 기자이자 급진주의자인 이사크 바벨은 다음과 같이 말했다. "세상이 스스로 책을 쓸 수 있다면 톨스토이처럼 기록했을 것이다." 이 두꺼운 책 속에는 전체 문명의 역사를 적겠다는 톨스토이의 야심이 담겨 있다. 그리고《전쟁과 평화》에 담긴 비유는 책을 가볍게 읽으려던 독자들을 놀라게 한다.

역사의 법칙을 알고 싶다면 우리는 관찰 주제를 완전히 바꿔야만 한다. 왕이나 총리, 장군이 아닌 평범한 사람들을 탐구해야 한다. 무한히 작은 요소인 그들을 통해 전체가 움직이기 때문이다.

여기서 쓰인 수학적 용어, 즉 '무한히 작은 요소'라는 말은 엉겁결에 뱉은 단어가 아니다. 톨스토이는 적분을 이야기하고 있다.

전투를 예로 들어 보자. 두 군대가 충돌하면 어느 한쪽이 승리할 것이다. 이에 관해 톨스토이는 "군사학에 따르면 상대적인 군사력은 장병 수에 비례한다."라고 말했다. 1만 명의 군대는 5000명보다 2배 강하며, 1000명보다 10배, 신입생 신고식에 끌려온 대학생 새내기 10명보다 1000배 강하다. 따라서 숫자가 중요하다.

그러나 톨스토이는 그 말을 비웃으며 물리학을 예로 들었다. 10킬로그램짜리 포탄과 5킬로그램짜리 포탄 중 어느 것이 더 강력할까? 분명 포탄이 얼마나 빠르게 날아가는지를 고려해야 한다. 만약 내가 5킬로그램짜리 포탄은 포로 쏘고 10킬로그램짜리 포탄은 볼링공 굴리듯 굴린다면 무게 차이는 의미가 없다. 무거운 10킬로그램짜리가 가벼운 5킬로그램짜리보다 약할 테니까.

군대도 포탄과 마찬가지다. 군사력은 장병 수에만 비례하지 않는다. 톨스토이는 "전투가 한창인 가운데 군사력은 장병 수와 그 밖의 것을 곱한 것과 같다."라고 말했다.

여기서 '그 밖의 것'은 무엇일까? 그의 분석에 따르면 "위험에 맞서 싸우려는 정신력"이다. 겁 많고 의무감 없는 500명이 속한 부대와 맹렬하고 헌신적인 400명이 속한 부대가 맞붙으면 어느 쪽이 이기겠는가? 요컨대 톨스토이는 군대를 사각형에 비유했다. 가로×세로 대신에 장병 수×정신력으로 넓이를 계산해 그 값이 큰 사각형일수록 더 강력한 군대다.

어느 쪽이
승리하겠는가?

적은 인원

많은 인원

그러나 모든 병사가 똑같지는 않다. 어느 병사는 전쟁에서 승승장구하지만 어느 병사는 벌벌 떤다. 또 누군가는 포로로 잡혀서 라이언 일병을 구하듯 큰 희생을 치르며 구해 내야 한다. 수학은 이런 다양성을 어떻게 표현할 수 있을까? 복잡한 다수를 묘사하는 데 단순한 사각형만으로는 한계가 있다.

그렇다면 216쪽 그림처럼 표시하면 충분할까? 그렇지 않다. 톨스토이는 내가 연속적인 세상을 불연속적으로 그렸다고 탄식할 것이다. 그러나 나에게만 해당하는 이야기는 아니다. 모든 역사가는 으레 그렇다고 말한다. 그들의 일이라는 게 바로 현실을 개별 사건으로 구분하는 것이다. 연속적인 세상을 리더와 추종자, 원인과 결과, 주먹과 부러진 코 등으로 나눈다. 우리는 바

다를 오대양으로 구별하고 바람의 종류까지 구분 짓는다.

그러므로 군사력은 어떤 것 곱하기 100, 어떤 것 곱하기 1000, 어떤 것 곱하기 100만 등으로 표현할 수 없다. 톨스토이의 견해에 따라 '무한히 작은 요소'로 관찰해야 한다. 즉 역사의 무한소를 살펴봐야 한다.

따라서 군사력은 어떤 것에 관한 적분이다.

이런 견해는 단순히 전쟁 결과를 논하는 것 이상이다. 《전쟁과 평화》는 '군사학과 평화'가 아니다. 톨스토이의 적분은 삶과 죽음, 선과 악, 초콜릿과 바닐라, 세계를 장악하려는 모든 나라의 흥망성쇠를 아우른다. 역사를 이해한다는 건 미적분 계산을 무수히 많이 하는 일이다. 헤로도토스가 아니라 뉴턴이 되어야 한다.

만약 이런 이야기가 과격하고 급진적으로 들린다면 딩동댕! 정답이다. 의문을 품는 이들에게 3점 주겠다. 명확히 하자면 톨스토이도 모든 답을 안다고 하지 않았다. 그는 역사란 난센스로 쌓아 올린 김이 모락모락 나는 무더기 같다고 단순하게 보았다.

서구의 역사 기록학은 기원전 5세기경 헤로도토스의 《역사》가 발간되면

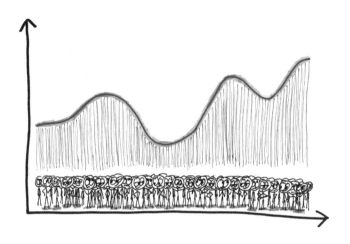

서 시작되었다. 야심 찬 서론에서 그는 위대한 인물들이 일으킨 사건을 기록했다 말하며 책 내용을 명확히 했다. 그 사건들은 '전쟁의 원인'을 설명하고 "위대하고 경이로운 행동은 (……) 그 영광을 잃지 않는다."라는 사실도 보장했다. 2000년 후 톨스토이는 그러한 역사 기록을 시간 낭비라고 여겼다.

> 역사란 그저 쓸데없는 이야기와 우화의 모음일 뿐이다. 불필요한 인물과 이름들로 가득 차 있다. 이고르Igor의 죽음과 올레크Oleg를 문 뱀 이야기 등 이 모든 건 할머니의 옛날이야기에 불과하지 않은가?

톨스토이에 의하면 헤로도토스와 그의 추종자들은 삼중으로 실수를 저질렀다. 여러분은 아마 팝콘을 먹으며 이 내용을 듣고 싶을지도 모른다. 화를 내며 남을 무시하는 톨스토이의 말을 듣고 있으면 무척 재미있다.

첫째, 사건 해석의 어리석음이다. 역사가들은 대관식이나 전투, 처형, 조약 같은 몇몇 일들을 추려 그 일들이 전체 사건을 설명하는 것처럼 해석한다. 이에 톨스토이는 다음과 같이 따진다. "현실에서는 어떤 사건의 시발점이란 존재할 수 없고 존재하지도 않는다. 한 사건은 어떤 끊김도 없이 연속적으로 흐른다."

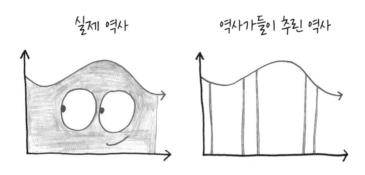

실제 역사　　　　　역사가들이 추린 역사

둘째, 역사가들은 '위대한 인물'들의 행동을 강조한다. 마치 나폴레옹의 천재성이나 알렉산더의 뛰어남이 모든 결과를 이끌어 낸 것처럼 설명한다. 톨스토이는 이것이 지나치게 순진무구한 생각임을 알아챘다. 시비를 가릴 가치도 없었다.

전쟁을 예로 들어 살펴보자. 사람들은 집과 가족을 떠난다. 수백 킬로미터를 행진해서 적군을 죽이거나 아니면 그들 손에 죽는다. 누군가를 살해하거나 아니면 살해당한다. 무엇 때문인가? 그냥 집에 머물면서 카드 게임을 할 수도 있지 않았을까? 어떤 힘이 그들을 움직여 비이성적인 전쟁으로 내몰았는가? 전쟁은 누구를 위한 것인가?

톨스토이는 역사가들의 설명이 한심하게 느껴졌다. 위대한 인물 덕분이라는 건 산타클로스나 이의 요정tooth fairy(늦은 밤 어린아이가 침대 머리맡에 빠진 이를 놓아두면 이것을 가져가고 그 대신에 동전을 두고 간다는 상상 속의 존재—옮긴이) 덕택이라고 말하는 것과 마찬가지였다. 한 사람이 혼자서 삽으로 산을 옮길 수 있는가? 톨스토이는 '위대한 인물'을 역사의 원인이 아닌 결과라고 말한다. 위대한 인물들은 파도에 올라타 그 방향을 조종할 수 있다고 자기 자신과 역사가들을 속인다.

톨스토이는 이렇게도 말했다. "왕은 역사의 노예다." 그러고는 왕의 영향력을 논하는 역사가들을 "아무 질문도 받지 않은 청각 장애인이 혼자서 대답하는 것과 같다."라고 일컬었다.

실제 역사　　　　　역사가들의 설명

셋째, 마지막으로 원인 발견의 실수다. 역사란 사건이 일어난 구체적인 이유를 찾는 일이다. 그러나 톨스토이에겐 이런 일이 막다른 골목이자 헛수고처럼 보였다. 사건의 원인으로 무엇을 선택했느냐는 중요한 문제가 아니었다. 왕 때문인가? 장군 때문인가? 장문의 신문 기사나 실리콘 밸리의 혁신가 때문인가? 어떤 사건의 원인은 단 하나로 규정할 수 없다.

우리가 원인을 파고들수록 더 많은 이유를 발견하게 되며 각각의 원인은 (······) 똑같이 사실이면서 동시에 똑같이 기만적인데, 결과가 방대하기에 각각의 이유가 무의미해지고 무능력해진다.

어리석은 역사가는 무한한 차원의 결과에서 일차원적인 설명을 찾는다. 마치 모래 언덕이 생긴 '원인'으로 몇 알의 모래만 추린 것과 같다. 역사의 두께와 깊이를 이해하지 못한 셈이다.

실제 원인　　　　　　　역사가들의 설명

간단히 말해 톨스토이는 역사가들을 스스로 착각하는 이야기꾼으로 봤다. 그들의 결론을 가리켜 "비평가로서 최소한 노력도 하지 않았다면 자취를 남기지 않고 먼지처럼 사라졌을 것이다."라고 언급했다.

나는 눈 하나 깜빡하지 않고 독설을 내뿜는 톨스토이에게 감탄한다. 랩배틀이나 악플이 없던 당시에 TV를 보는 데 최고의 떡밥이었을 것이다. 그러나 무언가를 파괴하는 것은 쉽다. 톨스토이는 폐허 속에서 무엇을 건설하자고 제안했을까?

그는 역사가 어디서부터 시작해야 하는지 알았다. 사람들이 경험하는 사소하고 순간적인 데이터부터 출발해야 했다. 몸을 휩싸는 용기, 번뜩이는 의심, 나초를 먹고 싶다는 충동, 이런 내적이고 정신적인 요소들이야말로 외면해서는 안 될 현실이었다. 게다가 그는 역사가 어디서 끝나야 하는지도 알았다. 모든 것을 포함하는 방대하고 웅장한 규칙과 설명이었다.

그렇다면 그 간극은 어떻게 채울 것인가? 무한히 작은 것에서 시작해 어떻게 상상할 수 없을 정도로 광대한 것에 이를 수 있을까? 자유롭게 이루어진 작은 행동이 어떻게 멈출 수 없는 역사적 움직임이 될까?

비록 톨스토이는 그 틈을 채우지 못했지만 그 사이에 무엇이 들어가야 하는지는 알았다. 과학적이고 예측 가능한 것, 분명하고 논쟁의 여지가 없는 것, 작은 조각들을 하나로 종합하고 통일하고 묶을 수 있는 것. 뉴턴의 만유인력 법칙과 유사한 것, 근대적이고 정량적인 것…… 그러니까 뭔가…… 아이고, 나도 잘 모르겠다…….

그렇다. 적분이 있었다.

자, 생각해 보자. 적분에서 점 하나는 결괏값에 영향을 미치지 않는다.

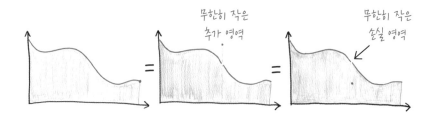

무한히 작은 추가 영역

무한히 작은 손실 영역

위대한 인물이라고 해도 별반 하는 일이 없다는 톨스토이의 주장을 제대로 표현하려면 어떤 개념이 좋을까? 큰 인물이든 평범한 사람이든 개인은 역사의 흐름에 결정적인 영향을 끼치지 않는다는 사실을 어떻게 해야 잘 보여 줄 수 있을까?

톨스토이는 미적분학이 역학에서 차지하는 역할에 감탄했다. 그는 다음과 같이 기록했다. "인간은 행동의 절대적 연속성을 상상할 수 없다." 그렇기에 우리는 제논의 역설에 속는다. 미적분학은 '무한히 작은 양을 가정함으로써 인간이 범할 수밖에 없는 실수를 바로잡는다.' 역사가들은 못된 꼬마 제논 같아서 매끄러운 역사의 흐름을 임의적이고 단절적인 몇몇 사건으로 조각낸다. 톨스토이는 미적분학이 인간 인지의 한계를 보완하여 역사의 통일성과 연속성을 복원할 수 있다고 생각했다.

역사의 연속성을 복원하면 뭐가 좋을까? 나는 해피엔드를 상상해 본다. 자, 《전쟁과 평화》를 출간한다. 그러면 무식한 옛날 역사가들이 그 책에 담긴 신랄한 비판을 읽고 비명을 지르며 부스러져 가루가 된다. 이제 미적분학을 아는 새로운 역사가들이 자리를 박차고 일어난다. 이 새롭고 올바른 세대는 '역사의 무한소'를 계산하여 역사 변화를 다룬 최종적인 이론을 완성한다. 오오! 심오한 법칙이 발견되고 입증되었다! '역사의 위대한 인물들'도 이 법칙을 읽고 비명을 지르며 부스러져 가루가 된다. 소작농들이 자리를 박차고 일어난다. 모두가 노벨상감이다. 그리고 모두 행복하게 살았다.

그러나 애석하게도 지난 150년간 그런 해피엔드는 없었다.

오늘날 그 누구도 역사 법칙이 있으리라 기대하지 않는다. 그 대신 학문의 성격을 구분해 '딱딱한 것'(수학, 물리학)과 '부드러운 것'(심리학, 사회학)으로 나눈다.

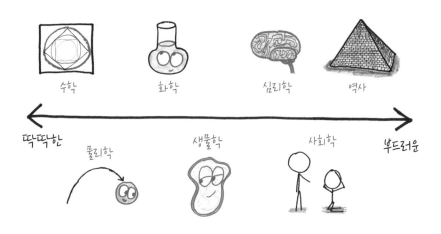

'딱딱한' 분야의 학자들은 '딱딱한 것'은 복잡하고 '부드러운 것'은 단순한 것처럼 우쭐댄다. 아니다. 정반대다. 즉 부드러울수록 복잡하다.

물리학자들은 원자가 어떻게 움직일지 예측할 수 있다. 그러나 그 수가 많아지면 계산은 걷잡을 수 없다. 그러면 많은 원자의 움직임을 설명해 줄 새로운 무언가가 필요한데 그것이 바로 **화학 법칙**이다. 화학 물질이 충분히 많아지면 다시 복잡도가 압도적으로 증가한다. 우린 **생물학**의 새로운 이론과 법칙을 통해 화학 물질의 복잡도를 해결한다. 심리학, 사회학, 역사도 마찬가지 관계에 놓여 있다. 수학은 단계별로 역할이 진화한다. 즉 확실한 단계에서 모호한 단계로, 결정론적인 단계에서 통계적인 단계로, 합의 단계에서 논쟁

단계로 뒤바뀔 때 수학의 역할도 진화한다. 쿼크quark 같은 단순한 현상은 철저히 수학 법칙을 따르지만 아장아장 걷는 어린아이 같은 복잡한 현상은 그렇지 않다.

톨스토이는 무엇을 찾았을까? 뭐, 대단한 건 아니었다. 역사처럼 가장 복잡한 현상을 설명하는 가장 딱딱한 수학 법칙이었다. 단지 사람들에게 깨달음을 주기 위해서였고 우리 역시 그런 이론을 기다리고 있었다.

톨스토이는 양극단을 오가는 사람이었다. 한편으론 일상에서 벌어지는 생기 넘치는 일들을 포착하는 재주가 있었다. 다른 한편으론 크고 담대한 해답을 얻으려는 갈망이 있었다. 무엇이 인간사에 영향을 끼치는가? 왜 전쟁인가? 왜 평화인가? 적분은 톨스토이의 재주와 갈망 사이를 잇는 다리였다. 그는 자신이 아는 세상(자신이 묘사하는 일상)과 자신이 열망하는 세상(정확히 통제되는 왕국)을 융합하고자 한 것 같다. 즉 무한한 다양성을 완벽한 하나로 결합하는 것 말이다.

톨스토이의 적분은 학문으로는 실패했지만 비유로서는 성공한 것 같다. 인류 전체로 보면 개인은 너무 작아서 거의 무한소에 가깝고 그 수는 무한대다. 하지만 개인을 모두 더하면 총인구를 구할 수 있다. 이러한 논리에 따르면 역사는 단지 어느 소그룹이나 한 개인의 것이 아니다. 역사는 왕이나 대통령 혹은 비욘세나 어떤 싱글 레이디에 좌우되지 않는다. 역사는 모든 개인의 것이다.

역사는 그 당시를 살아가는 모든 사람의 총합이다.

이러한 사실은 어떤 과학적 예측이나 수학 법칙을 만들어 내지 않는다. 오히려 그것은 시적 진실이다. 모든 것을 아우르는 적분 속에서 각 무한소는 동일한 중요도로 다뤄져야 한다는 진실 말이다.

The Wisdom of Calculus in a Madcap World

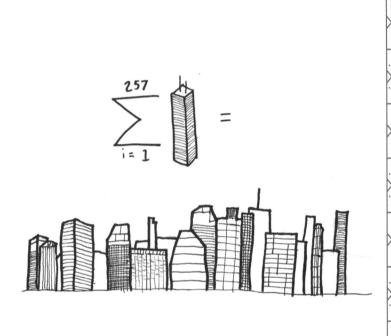

$$\sum_{i=1}^{257} \blacksquare =$$

영원 XVⅢ.
수학자들이나 도시 설계자들이나 똑같이 시그마 기호를 좋아한다

제18장

리만시市 스카이라인

미적분학이 도시 설계자가 되다

낙서하기를 좋아하는 나는 미적분학을 의인화하는 것도 좋아한다. 짜잔! 리만 합을 표현하는 나의 마스코트를 보라.

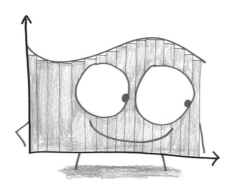

그렇다, 훌륭하다. 그러나 단지 얼굴만 잘생긴 게 아니다. 리만 합은 적분의 핵심으로 수학자 베른하르트 리만에게서 이름을 따왔다. 그는 내성적이

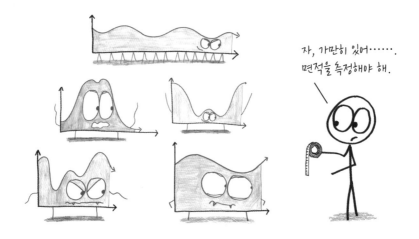

자, 가만히 있어······. 면적을 측정해야 해.

고 상상력이 풍부한 독일인으로 39년이란 짧은 생을 살았지만 그의 족적은 리만 면, 리만 기하학, 리만 가설 등 모든 수학 분야에 걸쳐 있다. 심지어 위 키피디아 '베른하르트 리만의 이름을 딴 것들의 목록' List of Things Named after Bernhard Riemann 페이지에는 67개 항목이 있는데 소행성부터 달의 화구까지 다양하다. 리만은 이렇게 말했다. "그게 무엇이든 간단한 생각을 할 때도 영 원하고 본질적인 것이 우리 영혼을 관통한다."

리만 합은 적분이 정확히 무엇인가라는 물음에 최고의 답변을 제공한다.

첫 번째 간단한 답변은 '곡선 아래의 면적'이다. 훌륭한 대답이다. 그러나 여러분은 바깥세상에 있는 곡선을 본 적이 있는가? 함수의 세계는 빽빽한 정글과 같다. 여러분이 학교에서 만나는 삼각형이나 원, 사다리꼴은 햄스터 나 집고양이에 불과하다. 수학이란 야생 세계에서 마주치는 맹수들은 단순 한 식으로 쉽게 표현할 수 없다.

리만 합은 일종의 보편적인 식이다. 어떤 함수든 때려잡을 수 있다. 실제 로 실행하기에는 모호한 면이 있지만 그 아이디어는 매우 간단하다. 즉 매우 매우 많은 사각형을 이용하는 것이다.

우선 사각형 네 개로 시작해 보자. 나란히 선 이들은 마치 빌딩 스카이라인을 보여 주는 듯하고 바닥은 축에, 꼭대기는 함수 아래에 닿는다. 만약 사각형을 다음과 같이 함수 아래쪽에 접하게끔 그린다면 그 결과를 '하합'이라고 부른다. 마치 면적의 근사치를 낮게 평가해 가늠하는 것과 같다.

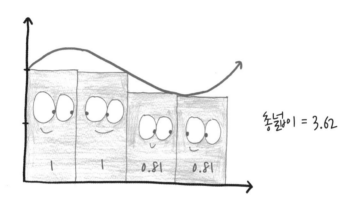

이번에는 사각형이 함수 위쪽에 접하도록 그려 보자. 이 경우라면 면적의 근사치를 약간 높게 평가할 수 있는데 이런 경우를 '상합'이라고 한다.

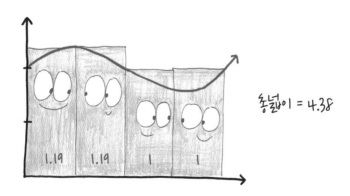

이런 방식은 프로젝트의 예산을 계획하거나 통에 담긴 젤리 개수를 세는 등 뭔가를 가늠하기에 좋다. 섣불리 정확한 수치를 계산하기보다 근사치를 좀 더 높게 혹은 낮게 잡은 다음 그 폭을 줄여 나가며 답을 찾는 편이 더 낫기 때문이다.

아무튼 꼭 사각형 네 개만 사용하란 법은 없다. 스무 개도 쓸 수 있다.

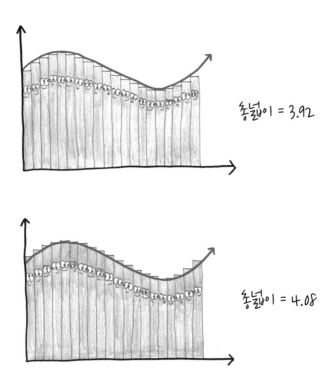

이제 야생의 맹수 같은 함수가 점점 덫에 가까워지고 있다. 사각형과 함수 사이의 틈이 메꿔지고 있다. 하합과 상합의 경우 모두 마찬가지다. 두 합은 실젯값에 수렴하고 있으며 우리가 더 많은 사각형을 사용할수록 그 값은 더 정확해질 것이다. 사각형을 100개나 1000개 또는 100만 개를 사용하면 어떨까? 1억 개나 1조 개 아니면 무한한 수만큼 사용하면 어떨까?

사각형의 개수	하합	상합
4	3.62	4.38
20	3.92	4.08
100	3.992	4.016

이제 리만의 덫에 걸려들었다. 두 합은 점점 가까워지며 하나의 정확한 값에 이른다. 그 값이 바로 적분이다.

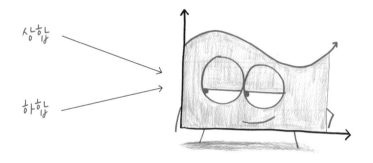

앞선 이야기로 적분의 기호가 설명된다. 곡선 아래를 사각형으로 빽빽이 채우면 각각의 사각형은 높이가 y, 너비가 dx이므로 넓이는 ydx가 된다. 남은 기호는 라이프니츠가 만든 S 모양 기호다. 연속성과 완전성을 상징하는 이 기호는 "무수히 많은 이 모든 것을 더하라."라는 뜻이 있다. 재밌는 사실 하나, '적분학'integral calculus은 철자 순서를 바꾸면 '화려한 컬리큐'gallant curlicues(curlicue는 소용돌이 모양 글자체를 말하는데 적분 기호가 이처럼 보일 수 있다.—옮긴이)가 된다.

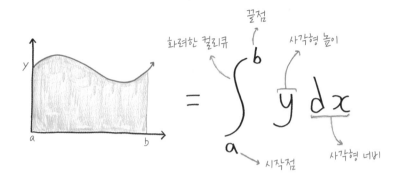

자, 리만 적분의 개념은 잘 알아보았다. 여러분은 '그럼 이제 기호는요?'라고 물을지 모르겠다. 어쩌면 묻지 않을 수도 있고 이제까지 아무도 궁금해하지 않았을 수도 있다. 그런데 가만히 살펴보면 리만 합은 뉴욕시 스카이라인을 닮지 않았는가? 시인 에즈라 파운드는 뉴욕의 야경을 보고 "사각형 옆에 사각형의 불빛, 창공으로 나아간다."라고 노래했고 비평가 롤랑 바르트는 "기하학적인 높이의 도시, 석화된 격자의 사막."이라고 표현했다. 어느 도시의 스카이라인처럼 리만 합은 직선으로 이루어진 도형의 총합이다.

도시 설계 전문가 크리스토프 린드너는 "상호 연결된 구조 때문에 도시는 대부분 수직으로 건설되고 정의된다."라고 말했다.(반면 작가 헨리 제임스는 도시를 일컬어 "아찔하다."라고 했다. 그이기에 가능한 표현이다.) 리만 합도 같은 방식으로 말할 수 있다. 사각형이 급격하게 늘어나면 사각형의 너비도 줄어들기에 오직 수직으로만 정의된다.

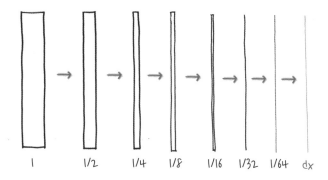

어떤 이들에게 스카이라인은 자연 풍경과 같거나 혹은 그 이상이다. 작가이자 철학가인 에인 랜드는 《파운틴헤드》에서 이렇게 표현하기도 했다. "뉴욕의 스카이라인을 한 번이라도 볼 수 있다면 세상에서 가장 멋진 일몰을 넘겨주겠다." 비평가 모린 코리건은 이를 이어받아 "그 스카이라인은 어떤 평화로운 일몰이나 눈 덮인 산보다도 사랑스럽다."라고 말했다. 리만 합은 스카이라인처럼 불쾌한 골짜기uncanny valley(인간이 아닌 존재가 인간과 너무 많이 닮은 경우 우리가 이를 보고 오히려 불쾌감을 느낀다는 이론—옮긴이)에 산다. 엄청나게 단순한 사각형들이 곡선을 비슷하게 그린다. 마치 스카이라인이 자연 풍광을 흉내 내는 것처럼.

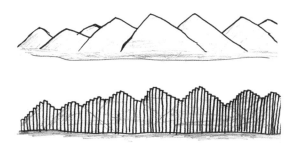

리만이 자신의 적분 이론을 세상에 알린 건 1854년이었다. 그리고 반세기 후, 더 정교한 이론이 수학자 앙리 르베그의 펜 끝에서 나왔다.

더 정교하다니, 대체 어떻게? 나는 리만의 팬들이나 뉴요커의 분노를 느꼈다. 공정하게 말하면 실제로 실용적인 목적에서 리만의 정의와 르베그의 정의는 똑같다. 하지만 리만의 정의는 좀 더 수준 높은 수학적 분석에서, 예를 들면 수준이 높다 못해 숨 쉬기도 어려운 추상적인 지점에서 약간의 문제가 생긴다.

악명 높은 디리클레 함수Dirichlet function를 살펴보자. 여러분은 숫자를 입력한다. 만약 입력한 숫자가 $\frac{5}{7}$나 $\frac{13734}{234611}$ 같은 유리수라면 출력값은 1이다. 만약 입력한 숫자가 $\sqrt{2}$나 π 같은 무리수라면 출력값은 0이다.

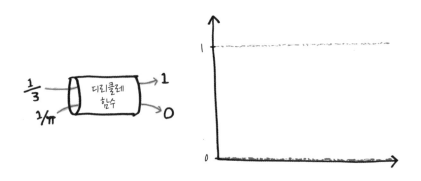

실선에 담긴 비밀이 있다면 압도적으로 많은 숫자가 무리수라는 사실이다. 즉 유리수는 무리수 세상을 덮은 얇은 먼지에 불과하다. 따라서 수학적으로 판단했을 때 디리클레 함수의 적분은 0이 된다.(유리수 먼지 입자 아래의 면적을 구하는 것이니 말이다.) 이것이 르베그 적분이 우리에게 말하는 결과다.

그러나 리만의 적분은 디리클레 함수의 적분을 계산할 수 없다. 하합은

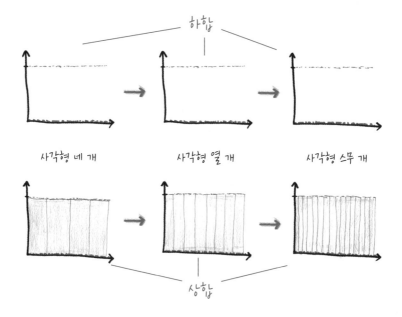

하합

사각형 네 개   사각형 열 개   사각형 스무 개

상합

언제나 0이며 상합은 항상 1이다. 사각형을 얼마나 많이 사용하든 하합과 상합은 수렴할 수 없다.

르베그 적분을 상세히 설명하는 건 내 능력 밖의 일이니 그가 사용했던 비유를 예로 들겠다. 르베그는 친구에게 보내는 편지에서 돈 세는 사람을 예로 들며 자신의 적분과 리만의 적분을 비교했다.

나는 주머니에 있는 돈으로 값을 지불해야 한다. 총액에 도달할 때까지 주머니에서 지폐와 동전을 조금씩 꺼내서 채권자에게 지급한다. 이것이 리만 적분이다. 그러나 다른 방법도 있다. 주머니에 있는 돈을 한꺼번에 모두 꺼낸 다음 지폐와 동전을 각각 화폐 단위별로 정리한 뒤 채권자에게 한 무더기씩 지급한다. 이것이 나의 적분이다.

간단히 말해서 리만은 총액에 도달할 때까지 지폐와 동전을 꺼내는 순서대로 센다.

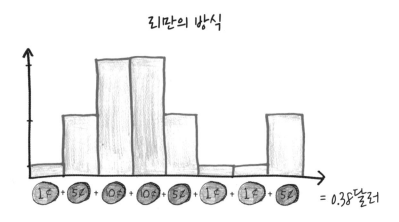

반면 르베그는 1센트는 1센트대로, 5센트는 5센트대로, 10센트는 10센트대로 정리한다.

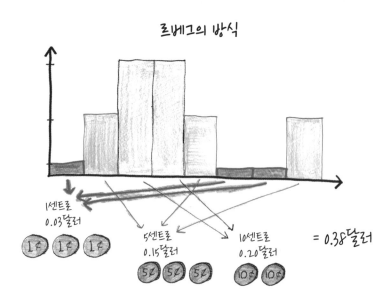

적분이 미분보다 모호하다고 생각할 수 있지만 걱정하지 않아도 된다. 여러분만 그런 게 아니다. 미분은 하나의 대상을 무한히 확대해 들여다보며 계산하지만, 적분은 단지 멀찍이서 바라보는 게 아니다. 관찰 대상을 무수히 많은 조각으로 자른 뒤 그것을 재정리한 후 모두 더해 전체 값을 얻는 것이다.

우리는 앞서 줄곧 적분을 도시에 비유했다. 리만 적분이 도시의 스카이라인이라면 르베그 적분은 도대체 무엇일까?

글쎄, 내 생각에는 우리가 알고 있는 오늘날 도시 그 자체다. 21세기에는 리만의 방식처럼 도시를 동서로 나누지 않는다. 그보다는 르베그처럼 좀 더 개념적으로 구별한다. 마치 디지털 기술이 우리를 구분 짓는 것과 같은데 친구끼리는 페이스북으로, 기업에서는 링크드인으로, 이성을 만나려면 틴더로, 유명인들은 트위터로 대화하지 않는가? 르베그는 리만의 어지러운 도시에 살았고 여러분과 나는 르베그가 재정의한 이상하게 나뉜 풍경 속에 살고 있는 것이다.

영원 XIX.
마리아 아녜시가 털이 난 것처럼 보이는 빛나는 공을 쥐고 있다.
내 그림 실력은 눈감아 주기를!

제19장

통합이란 위대한 성취

미적분학이 디너파티를 준비하다

수학의 분야마다 '기본 정리'fundamental theorem라 불릴 만한 깊고 중심이 되는 법칙이 있다. 수학자 올리버 크닐은 기하학의 기본 정리인 '$a^2+b^2=c^2$'부터 산술의 기본 정리인 '모든 수는 소인수 분해 값을 갖는다.', 영화 〈파이트 클럽〉의 기본 정리인 '파이트 클럽에 대해 말하지 않는다.'에 이르기까지 150개가 넘는 기본 정리를 하나로 엮었다.(물론 농담이다. 마지막 정리는 포함하지 않았다.) 어쨌든 모든 기본 정리 가운데 최고는 삼각법의 기본 정리라 할 것이다!

아니다. 이 또한 그냥 해 본 소리다. 실은 미적분학이 승자다. 그리고 미적분학의 기본 정리를 최초로 밝힌 사람은 마리아 아녜시다.

1718년 이탈리아에서 태어난 그는 열 살이던 1727년에 이미 프랑스어와 그리스어, 라틴어, 히브리어에 유창했다. 모국어인 이탈리아어는 말할 것도 없었다. 그는 또한 여성이 교육받을 권리를 주장한 연설로 유명했다. 자신이

쓴 연설문은 아니었으나 그가 라틴어로 직접 번역해 암송했다. 그리고 내 생각이지만 연설을 통틀어 최고 이슈는 연설 당사자였다.

아녜시의 아버지는 성공을 즐겼다. 상인이었던 그는 딸의 명석한 두뇌가 집안의 가장 큰 자산이자 신분 상승의 열쇠임을 깨달았다.

스물한 명의 남매 중 첫째인 그는 곧 콘베르사치오니conversazioni라는 디너 파티의 구심점이 되었다. 직역하면 '대화'지만 좀 더 정확히 번역하면 '괴짜 모임'이다. 간주곡이 흐르는 사이에 참석자들은 겨우 10대에 불과한 아녜시와 과학과 철학을 논했다. 아녜시는 즉흥적으로 뉴턴의 광학 및 조석 운동을 설명했고, 참석자들은 그에게 형이상학과 수학 곡선에 관해 물으며 함께 웃고 떠들었다. 그리고 모임이 끝날 때까지 모두가 셔벗을 즐겼다! 그 모임이 라틴어 수업처럼 지루했을지 아니면 라틴어 수업 시간에 즐기는 아이스크림 파티처럼 유쾌했을지는 잘 모르겠다.

아녜시는 분명 여러 감정이 들었다. 배움, 논쟁, 과학에 관한 잡담까지는 좋았다. 그러나 쇼맨십, 경쟁, 사회적 지위를 향한 몸부림은 원하지 않았다. 스무 살이 되자 그는 아버지와 협상해 콘베르사치오니 참석 횟수를 줄이기로

아녜시, 달의 움직임에 대해 말해 봐!

아녜시, 뉴턴의 주장을 옹호해 줘.

아녜시, 나만 이해할 수 있는 하이퍼 과학을 설명해 줘.

했다. 그 대신 병원에서 봉사하거나 글을 읽을 줄 모르는 여성들을 가르치는 등 가난한 사람과 병든 사람들을 도왔다. 여러분이 잘 아는 진취적인 여성상의 표본이었다.

서른 살이 되던 해 그는 《이탈리아 청년들을 위한 미적분학》Instituzioni Analitiche ad Uso della Gioventù Italiana을 출간했다. 이 책은 원래 그의 남동생들에게 수학을 가르치려는 용도로 쓴 것이었으나 대중서로 많은 사랑을 받았다. 역사가 마시모 마초티가 이를 가리켜 다음과 같이 말했다. "아녜시는 야심 찬 프로젝트를 구상했다. 미적분학 입문서를 써서 대수학을 어렵게 느끼는 초심자도 미분과 적분의 기술로 인도하는 것이었다. 이는 곧 미분과 적분의 통합이라는 위대한 성취로 이어졌다……."

실제로 이 책은 그동안 출간된 어떤 미적분학책보다 내용이 탄탄하고 이해하기 쉬웠으며 정리도 잘되어 있다. 그리고 최초로 미분과 적분을 한 권 분량으로 통합했다. 포괄적인 내용을 다루면서도 아녜시는 오래된 사실 하나를 강조했다. 바로 기본적인 사실에 방점을 찍었다.

자, 미적분학의 기본 정리를 알아보자.

수학에서 '역 과정'inverse processes은 원래의 값으로 되돌리는 과정을 말한다. 5를 더하고 다시 5를 빼는 걸 생각해 보자. 더함으로써 A가 B가 되면 뺌으로써 B가 A가 된다.

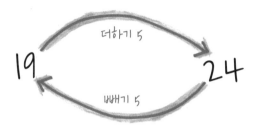

3으로 곱하거나 나눌 때도 마찬가지다. 아무 숫자나 골라서 3을 곱한 뒤 다시 3으로 나눠 보자. 여러분이 어떤 결과를 얻을지 내가 맞혀 보겠다. 원래의 값으로 되돌아오지 않았는가? 나는 생각을 꿰뚫어 보는 심령술사다.

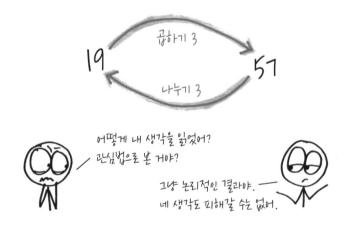

수학은 이런 식의 역 과정으로 가득 차 있다. 3을 제곱하면 9다. 9에 루트를 씌우면 다시 3으로 돌아간다. 10의 제곱은 100이며, 100에 다시 로그를 취하면 2로 돌아온다. 한 학기 동안 학습은 무지한 뇌를 똑똑하게 만들지만

여름 방학을 보내면서 원 상태로 복구된다.

미적분학의 기본 정리는 담백하면서 명확하다. 미분과 적분은 서로 반대다.

그냥 가볍게 하는 말이 아니다. "《해리 포터》의 헤르미온느와 론이 서로 반대다."라고 이야기하는 게 아니다. 한쪽은 냉정하고 다른 쪽은 성급하며, 한쪽은 여성이고 다른 쪽은 남성이며, 한쪽은 똑똑한데 다른 쪽은 론이라는 식이 아니다. 나는 '반대'라는 단어를 정확히 수학적으로 사용하고 있다.

수업에서는 학생들에게 물리학을 예로 들어 설명한다. 우리에게 위치 함수가 있다고 가정해 보자. 우리는 자동차가 지난 몇 시간 동안 매 순간 정확히 어디에 있었는지 알고 있다.

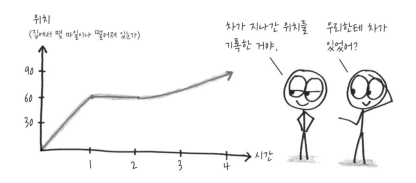

앞의 그래프로 차의 속력을 구할 수 있을까? 그렇다! 그래프의 기울기를 보자. 기울기를 구하는 것을 '미분' 또는 '도함수 구하기'라고 한다.

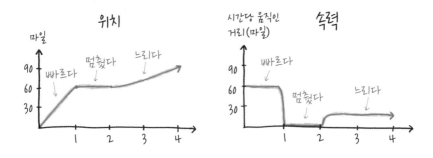

자, 이제 여러분의 머릿속을 싹 비우자. 이제 새로운 속력 함수를 가지고 다시 시작한다. 우리는 지난 몇 시간 동안 매 순간 차가 얼마나 빨랐는지를 정확히 알고 있다.

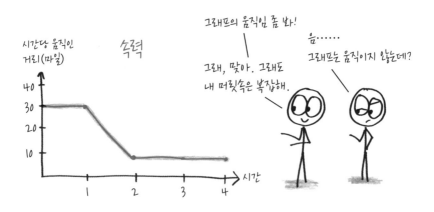

위의 그래프로 차의 위치를 추적할 수 있을까? 당연히 '가능'하다! 차가 이동한 거리는 다음 그래프의 아래 면적과 같다. 이러한 계산을 적분이라고 부른다.

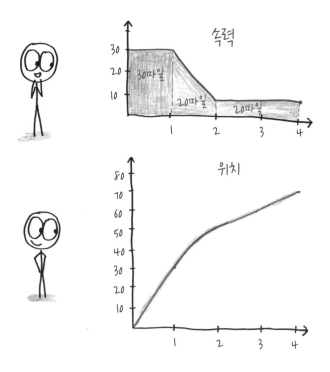

그러므로 곡선의 기울기를 구하는 미분과 곡선 아래의 면적을 구하는 적분은 서로 반대 절차다. 미분은 시간의 흐름에서 순간을 뽑아내고 적분은 순간의 물방울을 모아 흐름을 형성한다.

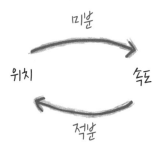

지금까지의 설명은 아녜시가 아닌 내가 예로 든 것이다. 18세기에는 자동

차가 없었다. 사실 그의 책에는 물리학적 해설은 포함되어 있지 않다.

아녜시가 무심한 선생님이었기 때문이 아니다. 언젠가 디너파티에서 아녜시의 아버지가 그에게 몹시 어려운 개념을 설명하게 하자 그는 참석자들에게 양해를 구하며 "모두가 즐거운 이 시간에 스무 명 정도가 죽을 만큼 지루해할 개념을 공개적으로 떠들고 싶지 않습니다."라고 말했다. 그는 물리학을 싫어하지도 않았다. 마을의 대표 지식인이었다. 물리학을 예로 들면 미적분학을 훨씬 수월하게 설명할 수 있었을 텐데 왜 그러지 않았을까? 그의 동생들이 '실생활 속 예'를 물어보지 않았나? 아니면 언제 미적분학을 사용하는지 궁금해하지 않았나?

어쩌면 동생들은 궁금했을지도 모른다. 그러나 아녜시에게 수학은 실용적이지 않았다. 그것은 신성한 것으로서 신에게 이르는 좁은 길이었다. 순수 논리학적 사고는 인간에게 신성, 즉 영원한 진리를 경험하게 했다. 그것은 아녜시 같은 독실한 신자에게는 전부를 의미했다. 과연 거룩한 것을 땅의 것, 즉 물리적인 것으로 훼손할 수 있겠는가?

아녜시의 정제된 접근법은 지속적인 결과를 낳았다. 수학 역사가 호아킨 나바로는 "표기가 매우 현대적이라서 쉼표 위치 하나도 바꿀 필요가 없다.

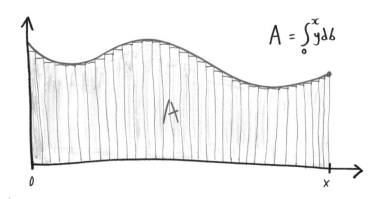

오늘날 독자들도 쉽게 이해가 가능하다."라고 말했다. 미적분학의 기본 정리에 관한 아녜시의 관점을 이해하기 위해 246쪽 그림처럼 적분을 무수히 많은 사각형의 합으로 생각해 보자.

여기서 미분은 전체 넓이의 변화율을 의미한다. 즉 비유하자면 스카이라인에 합류한 마지막 사각형의 넓이를 뜻한다.

그런데 무한소 dx에 관한 마지막 사각형의 넓이는 바로 곡선의 높이다.

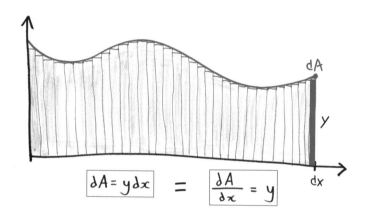

$$\boxed{dA = y\,dx} \quad = \quad \boxed{\frac{dA}{dx} = y}$$

즉 여러분이 (1) 주어진 곡선에 대해 (2) 적분을 하고 (3) 그 후 다시 미분을 한다면 원래의 값으로 되돌아오게 된다. 우리가 앞서 살펴본 자동차의 예를 보았을 때 미분은 '첫 번째 기본 정리', 적분은 '두 번째 기본 정리'로 나눌 수 있겠지만 결국은 같은 목적지에 도달하는 셈이다. 즉 미분과 적분은 독약과 해독제, 연필과 지우개 같은 관계다.

미적분학의 기본 정리에 따르면 미적분은 음양의 원리와도 같다.

아녜시는 누구보다도 반대되는 것들의 통합을 잘 이해했다. 그의 정체성을 보라. 수학자이면서 동시에 신비주의자였고 가톨릭 전통주의자면서 동시에 선구적인 페미니스트였다. 과학을 신봉했으면서 동시에 종교를 독실히 따

랐다. 심지어 가장 반대되는 것들 사이에도 다리를 놓았다. 바로 엄청난 핵 분열을 일으킨 뉴턴과 라이프니츠의 불화를 중재한 것이다. 그는 뉴턴의 '유율'과 라이프니츠의 '차이'difference를 통합했다. 이로 인해 케임브리지 대학교의 어느 수학과 교수가 이탈리아어를 배워 그의 글을 영어로 번역하기에 이르렀다.

아녜시는 서로 반대되는 것들을 모순으로 보지 않았다. 마초티의 말처럼 "아녜시에게는 '과학'과 '종교'가 양립할 수 있었다." 우리 세대는 이성과 신앙이 충돌한다고 보지만 그에게는 그렇지 않았다.

1801년에 그 케임브리지 대학교의 교수가 아녜시의 책을 열심히 번역하면서 항해술 용어 중 '시트'(돛의 방향을 조정하기 위해 돛 아래쪽에 다는 것—옮긴이)를 뜻하는 이탈리아어 versiera를 avversiera, 즉 '마녀'she-devil로 오역했다. 그래서 특정 수학 곡선이 영어권 독자들에게는 '아녜시의 마녀'witch of Agnesi로 알려지게 되었다. 아녜시의 지혜와 아마추어 번역가의 실수를 함께 보여 주는 사건이었다.

오늘날 미적분학의 기본 정리는 가장 강력한 정리 가운데 하나다. 그 덕분에 무한히 많은 사각형의 합인 적분이 간단한 역도함수anti-derivative가 되었다. 우리는 리만의 복잡한 스카이라인이나 르베그의 모호한 재배열, 에우독소스나 유휘의 기하학적 접근법을 모두 잊어버려도 된다. 그 대신 적분을 할 때는 미분의 역 과정을 취하면 된다. 마치 집에 드나들 때마다 무거운 빗장을 걸어 잠글 필요가 없도록 마침내 가벼운 열쇠를 발견한 것과 같다.

그러나 아녜시에게 기본 정리는 다른 의미였다. 마초티는 다음과 같이 기록했다. "미적분학은 그에게 마음을 가다듬는 길이었으며, 그는 그 길을 통해 신을 이해할 수 있었다. 그가 믿었던 건 현실적인 영성이었지 바로크의 독실함이나 상상 속 미신이 아니었다." 우리가 실용적이고 본질적으로 아름다운 미적분학을 감상할 수 있는 건 현실적이고 냉철한 눈을 통할 때다.

그런 면에서 우린 모두 아녜시의 동생, 이탈리아의 청년들이다.

영원 XX.

피적분 함수의 시끌벅적한 파티

제 20 장

적분 안에서 벌어지는 일은
적분 안에 머문다

미적분학이 도구를 늘리다

리처드 파인먼은 수학 수업을 싫어했다. 그 이유는 풀어야 할 문제 옆에 늘 풀이 과정이 나란히 적혀 있었기 때문이다. 흥미진진한 모험이 어디에 있단 말인가? 지루하고 단조로웠다. 바보들의 바보들에 의한 바보들을 위한 수업이었다.

반면 그는 수학 동아리는 좋아했다. 그곳은 놀이터이자 즉흥적인 묘기가 펼쳐지는 곳 또는 마법 학교 같았기 때문이다. 여기서 만난 문제들은 미적분학까지 필요하지는 않았지만 대수학적 지식을 요구했고 곳곳에 함정도 많았다. 기본이 되는 평범한 풀이 방법으로는 문제를 푸는 데 매우 많은 시간이 걸렸다. 그래서 단순하면서도 날카로운 해법을 찾아내야 했다. 그런 문제들의 예를 들자면……

문제: 여러분은 시속 3마일로 흐르는 강에서 노를 저으며 시속 4와 3분의 1마일로 강을 거스르고 있다. 낮 12시에 모자가 물에 떨어졌다. 모자는 강을 따라 떠내려 간다. 12시 45분에 여러분은 배의 방향을 반대로 틀었다. 모자를 다시 줍기 까지 걸리는 시간은 얼마일까?

물론 여러분은 이 문제를 복잡하게 풀어낼 수 있다. 그러나 관점을 살짝 바꾸면 훨씬 쉬워진다. 모자의 시점에서 흐르는 강을 기준계frame of reference, 基準系로 정하자.

답: 여러분이 탄 배는 시속 4와 3분의 1마일로 모자로부터 떨어졌다. 그리고 같은 속 력으로 모자 쪽으로 되돌아간다. 따라서 돌아가는 데 걸리는 시간은 45분이다. 즉 1시 30분에 모자를 줍게 된다.

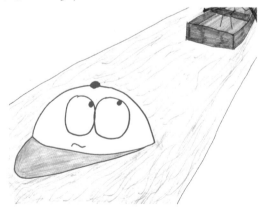

미분은 파인먼이 말했던 수학 수업과 같다. 모든 수학 교과서에서 여러분은 미분에 관한 완벽한 공식을 발견할 수 있다. 그 공식을 그대로 적용한다면 절대 틀릴 일이 없다.

적분은 어떤가? 미적분학 기본 정리에 따라 적분은 미분의 반대다. x^2의 미분은 $2x$이며 $2x$의 적분은 x^2이다. 그러나 여러분도 이미 잘 알듯이 구운 빵을 굽기 전으로 되돌리거나 깨진 꽃병을 원상태로 돌려놓거나 잡지 구독을 취소하는 등 무언가를 처음으로 되돌리는 일은 어렵다. 적분도 마찬가지다. 적분은 매운맛으로 가득한 뷔페 같으며 미분과 달리 수학 동아리에 가깝다.

《표준 수학 표와 공식》Standard Mathematical Tables and formulae에는 "적분 표에 아무리 많은 식이 포함되어 있다 하더라도 여러분이 원하는 적분 결과를 정확히 찾는 경우는 무척 드물 수 있습니다."라고 겸허히 적혀 있다. 예를 들어 $\int \frac{1}{1+x^2} dx$와 $\int \frac{1}{1+x^3} dx$의 적분을 찾아보자. 땀 흘릴 거 없다. 두 식은 서로 닮았으니 서로 비슷한 적분 결과를 보여 주지 않을까? 음, 꼼꼼히 찾아보니 왼쪽 식은 적분 값이 $arctan(x)$다. 그럼 오른쪽 식은…….

음…….

표를 열심히 찾아보니…….

그래, 인터넷을 뒤져 봐야겠다…….

내가 직접 계산해야 하는 건가…….

오른쪽 식의 적분은 $\frac{1}{6}\left(-\log(x^2 - x + 1) + 2\log(x + 1) + 2\sqrt{3} \arctan\left(\frac{2x-1}{\sqrt{3}}\right)\right)$이다.

세상에! 눈앞이 얼마나 빙빙 도는지.

미분이 정부 청사 건물 같아서 조명과 정돈된 회의실로 차 있다면 적분은 유령의 집 같아서 이상한 거울, 숨겨진 계단, 불쑥 나타나는 작은 문들로 가득하다. 그곳을 통과할 수 있는 통일된 규칙은 없다. 다양한 법칙만 산재해 있을 뿐이다.

수학자 오거스터스 드모르간은 이를 두고 다소 시적으로 표현했다.

> 보통의 적분은 미분에 관한 기억에 불과하다. 적분하는 각각의 방
> 식은 변화다. 아는 것에서 모르는 것으로가 아닌, 기억에 도움 되지
> 않는 것에서 기억에 도움 되는 것으로 말이다.

언뜻 보면 초심자에게 $\int \frac{4x^3 + 4x}{x^4 + 2x^2 + 5} dx$를 적분하는 방법은 너무나 어렵다. 그러나 변수 변환change of variables을 사용하면 이 식은 $\int \frac{du}{u}$가 된다. 이는 적분 표에 그 결과가 적혀 있다. 바뀐 건 없다. 단지 변수를 치환했을 뿐이다.

즉 기준계를 바꾸는 것이다. 아까 강에 떨어뜨린 모자를 기억하는가? 파인먼은 고등학교 물리 수업 시간에 구석에서 혼자 적분을 익혔다. 그는 표준적인 적분법을 배운 적이 없었다. 그 대신 남들은 잘 하지 않는 방법으로 혼자만의 방식을 다듬었다. 바로 '적분 안에서 미분하기'differentiating under the integral sign였다.

훗날 리처드 파인먼은 노벨 물리학상을 받은 뒤 이렇게 회상했다. "나는 반복해서 그 망할 놈의 적분 안에서 미분을 했다."

MIT와 프린스턴 대학교에서 파인먼의 동료들은 모르는 적분이 있으면 그에게 물었다. 파인먼은 '적분 안에서 미분하기'로 문제들을 풀어 주었는데 다음과 같이 언급했다. "나는 적분으로 금방 유명해졌다. 다른 사람들과 다른 방식으로 문제를 해결했기 때문이다." 미분으로는 모두가 같은 안무로 춤을 추지만 적분은 저마다 개인 스타일이 있을 수 있다.

제2차 세계 대전 당시 파인먼은 로스앨러모스 국립 연구소(원자 폭탄을 개발 및 계획한 맨해튼 프로젝트로 유명한 곳이다.—옮긴이)로 향하는 과학자 무리에 속했다. 그는 부서를 옮겨 다니며 많은 걸 터득했지만 곧 모든 게 쓸모없다고 느꼈다. 그러던 어느 날 한 연구원이 세 달 동안 팀원 전체가 풀지 못한 적분을 가져왔다. 파인먼은 다음과 같이 물었다. "왜 적분 안에서 미분을 안한 겁니까?" 그 문제는 30분 만에 해결됐다.

이 풀이를 배운 적이 없는 나는 구글에 검색해 보았다. 곧 하버드 대학교의 Math 55라는 수업을 찾을 수 있었다. 위키피디아에는 '아마도 미국에서 가장 어려운 학부 수학 수업'이라는 부연 설명도 달려 있었다. 이 수업을 들은 하버드 학생 중에는 필즈상을 받은 만줄 바르가바, 하버드 대학교 교수인 리사 랜들, 마이크로소프트 창업자 빌 게이츠가 있다. 하버드 졸업생이자 현재 옥스퍼드 대학교 교수인 레이먼드 피에르험버트는 2006년 〈하버드 크림슨〉

과의 인터뷰에서 "거의 광적인 수준이었다. 나는 그 수업이 정규 과정이라기보다는 무자비한 고문 같았다."라고 말했다. 하지만 코넬 대학교 조교수인 이나 저카레비치에겐 그 수업과 관련하여 좋은 기억이 있었다. "나를 생각하게 만들었다. 내가 아는 기본적인 사실들에 대해 정말로 깊이 고민해야 했다."

2002년 당시 열여덟 살이었던 저카레비치는 파인먼의 전기를 읽었다. "그때 적분 안에서 미분하기를 처음 들었다. 그래서 아빠에게 물었고 우리는 열심히 토론했다." 그 후 10월의 어느 날, Math 55 수업의 교수 놈 엘키스는 강의 시간에 $n! = \int_0^\infty x^n e^{-x} dx$ 라는 식을 썼다.

수학에서 !은 감탄 부호가 아니다. '팩토리얼'factorial이라 부르는 이 기호는 계승, 즉 '해당 숫자까지 모든 수를 곱한다.'라는 의미다.

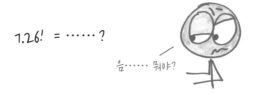

$$3! = 3 \times 2 \times 1$$
$$5! = 5 \times 4 \times 3 \times 2 \times 1$$
$$100! = 100 \times 99 \times 98 \times$$
$$\cdots\cdots \text{그리고} \cdots\cdots \times 2 \times 1$$

매우 멋지다. 굉장히 단호해 보인다. 그러나 정의된 바와 같이 계승은 몹시 제한적으로 사용된다. 즉 정수에만 사용 가능하다.

$$7.26! = \cdots\cdots ?$$

음…… 뭐야?

1700년대에 오일러가 팩토리얼을 새롭게 정의했다. 이는 엘키스 교수가

Math 55 수업에서 보여 준 것과 똑같았다. 즉 오일러의 새로운 정의 덕분에 팩토리얼을 어떤 수에든 사용할 수 있게 되었다. 즉 π!이나 1.8732!, $\sqrt{2}$!도 가능했다.

$$3! = \int_0^\infty x^3 e^{-x} dx$$

와우, 멋진 정의인데!

$$11! = \int_0^\infty x^{11} e^{-x} dx$$

$$7.26! = \int_0^\infty x^{7.26} e^{-x} dx$$

그러나 한 가지 문제가 있었다. 새로운 정의가 기존 정의와 일치하는지 어떻게 확인할 수 있을까? 3이나 11 같은 숫자들에 대해 새로운 정의와 기존의 정의가 똑같은 결과를 보여 줄까?

저카레비치는 엘키스 교수의 강의에서 두 정의가 같다는 증명을 배웠다. 엘키스 교수는 반복적으로 묵묵히 부분 적분을 적용했다. 부분 적분은 어디에서나 쓸 수 있지만 이 경우에는 꽤 다루기 불편했다. 저카레비치는 당시를 이렇게 기억했다. "나는 좌절했다. 너무 지루한 증명이었다."

성실한 학생이었던 그는 그날의 퀴즈 답안지에 어려운 수식만 잔뜩 적었다. 그러나 답안지 뒷면에는 파인먼의 기법을 이용한 다른 방식의 증명을 작성했다. "나는 교수님이 언젠가 알아주길 바랐다." 다음 그림에 적힌 증명대로 그는 새로운 매개 변수를 사용한 뒤 그것에 대해 미분한 다음 그 매개 변수가 사라지게 했다. 마치 도로에서 타이어에 펑크가 났는데 누군가 짠! 나타나 도와주더니 말도 없이 사라진 것과 같았다.

$$\int_0^\infty e^{-x}dx \;=\; 1$$

그래, 잘 알려진 식이야.

$$\int_0^\infty e^{-ax}dx \;=\; \frac{1}{a}$$

왜 a를 넣는 거지?

$$-\int_0^\infty xe^{-ax}dx \;=\; \frac{-1}{a^2}$$

a로 미분을 한다고?

$$(-1)^n\int_0^\infty x^n e^{-ax} = (-1)^n\,\frac{n!}{a^{n+1}}$$

변수가 많군!

$$\boxed{\int_0^\infty x^n e^{-x}dx \;=\; n!}$$

오! a에 1을 대입하니 우아한 증명이 되었어!

엘키스 교수는 저카레비치의 증명이 마음에 들었다. 대학 교수로서 긍지를 느낀 그는 인터넷에 답안을 게시했고 그로부터 16년 뒤, 내가 우연히 그 게시물과 마주치게 되었다.

"그 증명은 과학이라기보다 예술이다." 저카레비치는 인정했다.

저카레비치! 어떻게 그런 걸 알고 있었니?

파인먼도 분명 칭찬했을 것이다. 이는 곧 수학 수업의 패배이자 수학 동아리의 승리였다. 일종의 꼼수가 통했다. 전기 작가인 제임스 글릭의 다음 표현을 통해 교육 위원회에서 활동한 파인먼의 자취를 살펴보자.

> 파인먼은 1학년 아이들이 덧셈과 뺄셈을 배우는 방식이 자신이 복잡한 적분을 계산하는 방식과 같아야 한다고 제안했다. 즉 더하고 빼는 과정이 적절하기만 하면 그것이 무엇이든 자유롭게 선택할 수 있어야 한다는 것이다. 다시 말해 올바른 방식으로 계산하고 있다면 정답은 중요하지 않았다. 그는 "정답이 가장 중요하다."라고 강조하는 당시의 교육 철학은 더 나빠질 게 없다고 말했다. (⋯⋯) 정통적인 하나의 방법보다는 여러 개의 꼼수가 더 낫다고 했다.

파인먼은 자신의 꼼수를 과시하길 좋아했다. 한번은 로스앨러모스 국립연구소 동료에게 10초 안에 아무 문제나 내 보라고 했다. 자신이 10퍼센트의 오차 범위 내에서 1분 안에 그 문제의 답을 말하겠노라 공언했다. 그의 친구 폴 올럼은 10^{100}의 탄젠트 값을 물었다. 그 값을 알려면 $\frac{1}{\pi}$을 100번째 자리까지 알아야 했다. 미래의 노벨상 수상자의 자존심에 금이 갔다.

또 한 번은 파인먼이 '단일 폐곡선에 관한 적분'contour integration으로 풀 수 있는 문제는 그것이 무엇이든 다른 방법으로도 해결할 수 있다고 자랑했다. 그 당당한 말에 많은 이가 도전장을 던졌고 차례차례 격파됐다. 그러나 최후의 적인 폴 올럼은 그를 다시금 무릎 꿇게 했다. 파인먼은 당시를 회상했다. "그가 선보인 그 망할 놈의 적분은 단일 폐곡선에 관한 적분으로만 가능했다! 올럼은 항상 그런 식으로 나를 기죽였다." 이것이 바로 적분의 기쁨과 좌절이다. 아마 폴 올럼을 제외하고는 아무도 모든 꼼수를 알아낼 수 없을 것이다.

영원 XXI.
아인슈타인이 우주적 실수를 범하다

제 21 장

딱 한 번 펜을 잘못 놀렸을 뿐인데 사라져 버린 존재

미적분학이 우주의 68퍼센트를 지우다

아인슈타인은 고작 30대 후반인 1917년에 이미 명성을 떨치고 있었다. 그는 원자의 크기를 계산했고 질량과 에너지의 등가 원리를 확립했으며 양자 역학의 기초를 쌓기 시작했고 '곱슬머리'를 고수했다. 눈부신 이력이지만 그의 최대 업적은 단연코 상대성 이론이다. 독특하지만 우아하고 간결한 방정식이자 우주의 질서를 향한 보물찾기 말이다. 그것은 뉴턴 역학에 펀치를 날렸으며 현실을 너무도 기이하게 묘사했다. 이에 〈뉴욕 타임스〉는 "상대성 이론이 '모두가 아는 구구단'에도 의문을 제기할 것"이라며 우려했다. 상대성 이론은 우리가 사는 우주는 별과 행성이 놓인 상자가 아니라 물질의 영향을 받아 구부러지고 휘어지는 공간이라는 단순한 통찰을 남겼다.

자, 이제 사고思考 실험을 위한 시간이다. 내가 나무 그루터기에 앉아 초속 30만 킬로미터로 멀어지는 빛줄기를 보고 있다고 치자. 한편 여러분은 초속 20만 킬로미터로 빛줄기를 쫓아가고 있다.

빛줄기는 내게서 더 빨리 멀어지는가 아니면 여러분에게서 더 빨리 멀어지는가?

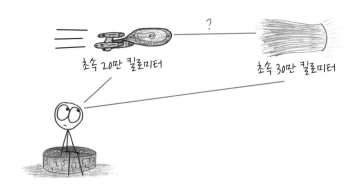

초속 20만 킬로미터

초속 30만 킬로미터

방금 던진 질문엔 함정이 있다. 빛의 속도는 언제나 상수다. 그러므로 여러분이 얼마나 빨리 움직이는지와 상관없이 빛의 속도는 항상 초속 30만 킬로미터다. 그러므로 이 상황에서 변하는 건 좀 더 유연한 것, 즉 시간과 공간이다. 나의 관점에서는 빛줄기가 여러분을 30만 킬로미터 앞서가려면 3초가 걸린다. 그러나 초속 20만 킬로미터로 빛을 쫓는 여러분 관점에서는 빛줄기가 그만큼 앞서가는 데 걸리는 시간이 겨우 1초다. 그러므로 내 주머니 속 시계는 여러분의 시계보다 3배 빠르게 간다.

움직임이 시간에 영향을 미치는 것이다.

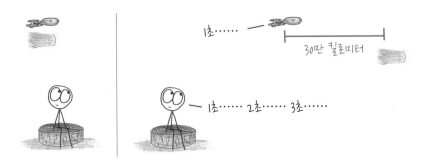

1초……

30만 킬로미터

1초…… 2초…… 3초……

일종의 환상 여행처럼 느껴지는가? 그렇다면 여러분은 다음 단계로 향할 준비가 되었다. 즉 움직임뿐만 아니라 물질도 시간에 영향을 미친다. 예를 들어 태양은 상자 속에 있는 볼링공과 달리 매트리스 위에 놓인 볼링공과 같아서 그것을 둘러싼 시공간을 구부린다. 따라서 행성이 태양을 공전할 때 또는 사과가 땅 위로 떨어질 때 그 사건들은 뉴턴식의 끌어당김 때문에 일어나는 것이 아니다. 휘어진 4차원 공간 속에서 가장 저항이 덜한 경로를 따라간 일이다.

물리학자 존 휠러는 "물질은 시공간에게 어떻게 구부러질지를 말해 준다. 그리고 구부러진 시공간은 물질에게 어떻게 움직일지를 말해 준다."라고 했다.

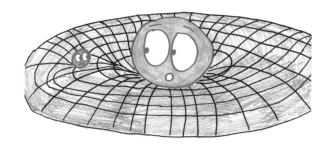

이 모든 것이 1915년 11월, 아인슈타인의 장 방정식field equation 속에서 확고해졌다. 물리학자 카를로 로벨리는 이렇게 기록했다. "방정식은 짧다. 그러나 그 방정식 속에 시끌벅적한 우주가 들어 있다." 아인슈타인의 방정식은 빛이 무거운 물체 주위에서 휘어지며, 계곡과 산꼭대기에서 시간이 다르게 팽창하며, 중력파가 우주에 전파되며, 아주 큰 별이 '블랙홀'로 붕괴하는 것을 예측했다. 로벨리는 다음과 같이 말을 이었다. "미친 사람의 발광 같은 그의 예측들은 모두 사실인 것으로 밝혀졌다."

사실 마법 지팡이처럼 자신의 방정식에서 새로운 예측들이 쏟아질 때마다 아인슈타인은 무척 불만스러워했다. 확실히 상대성 이론은 공전하는 행성이나 휘어지는 광자를 잘 묘사한다. 그러나 그런 것들은 유한하고 제한된 계systems다. 즉 우주의 일부에 불과하다. 아인슈타인은 동료에게 다음과 같이 편지를 썼다. "상대성 이론을 끝까지 따를 수 있을지 아니면 이 이론이 모순에 봉착할지가 뜨거운 화두일세." 아인슈타인은 가장 큰 테디 베어, 즉 최고의 보상을 찾고 있었다.

그가 바라는 대로 상대성 이론은 우주 전체를 서술할 수 있을까?

'작은 어떤 것'으로부터 '큰 모든 것'으로의 도약은 곧 적분의 정신이다. 사실 아인슈타인의 방정식은 적분을 포함하고 있었다. 비록 1917년 발표한 그의 유명한 논문에는 다른 방식으로 기술되어 있지만 1918년 그는 자신의 식이 실제로는 적분을 취하고 있음을 발견했다. 아인슈타인은 이렇게 기록했다. "새로운 식은 이러한 큰 이점이 있다. 즉 그 양이 적분 상수로서 기본 방정식에 등장한다."

여기서 양은 무엇을 가리킬까? 우리는 함께 알아볼 예정이다. 그렇다면 우선 적분 상수가 무엇인지부터 살펴보자. 모든 부정적분에는 우리를 괴롭히는 C가 등장한다. 미적분 시간에 C를 빠트리면 수학 선생님이 여러분의 점수를 깎을지도 모른다.

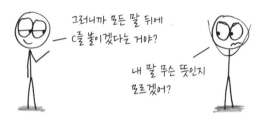

적분 상수는 어디에서 비롯했을까? 자, 우리가 앞서 이야기했듯이 미분과 적분은 서로 반대 절차다. 적분을 취하기 위해 우리는 함수를 바라보며 묻는다. 이 함수가 무슨 함수의 도함수지?

여기 시속 7마일로 달리는 사람이 있다고 생각해 보자. 속도 그래프는 다음 그림과 같다.

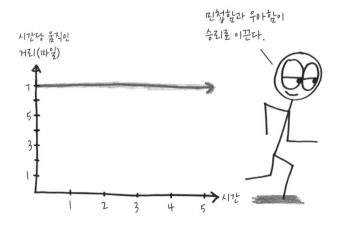

속도 그래프의 적분, 즉 위치 그래프는 어떤 모습일까? 다음 그림을 보자.

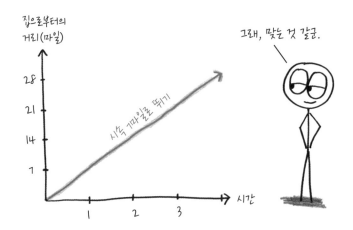

그러나 이 그래프는 뛰는 사람이 정오에 출발한 것을 가정한다. 그러나 실제로는 몇 시부터 뛰기 시작했는지 알 수 없다. 정오에 이미 집에서 1마일가량 떨어져 있을 수도 있고, 그 거리가 2마일일지 7마일일지도 정확히 알 수 없다. 12시 30분에 집을 지나쳤을 수도 있다.

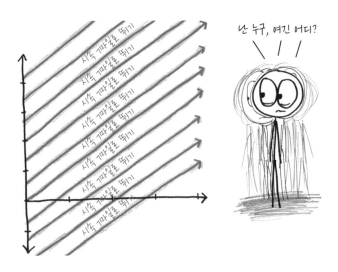

그러므로 수많은 위치 함수가 있을 수 있는데, 각각 일정한 거리만큼 떨어져 있을 뿐 모두 똑같은 직선이다. $7x$이거나 $7x+1$ 또는 $7x+2$, $7x+3$일 수도 있다.

일일이 모든 위치 함수를 열거하는 대신 $7x+C$라는 간단한 식으로 표현할 수 있다. 여기서 C는 적분 상수로 '아무 숫자'나 대신할 수 있다. 그러면서 하나의 직선이 무수히 많은 직선을 대표하게 된다. 쉽게 까먹고 빠트릴 수 있지만 C는 이렇듯 강력하고 심오하다.

아인슈타인은 적분 상수를 잊지 않았다. 그러니까 내 말은 그는 이따금 머리 빗는 걸 깜빡하던 당대 최고의 과학자 아니던가.

그렇다. 그는 오히려 의도적으로 더 극적인 실수를 저질렀다.

아인슈타인은 1917년 발표한 논문에 이렇게 썼다. "나는 독자들에게 내가 미리 가 본 길을 안내할 것이다. 울퉁불퉁하고 굽어 있다." 실제로 그는 미로로 이끌었고 모퉁이에서 수학을 사용할 때마다 독자들을 좌절하게 했다. 우주 전체를 방정식으로 묘사하려는 그의 첫 번째 시도는 기존의 사실과 서로 모순됐다. 두 번째 시도는 '상대성'에 어긋나는 '정확한' 기준 프레임을 설정해야 했다. 세 번째 시도는 어떤 동료에 따르면 "문제를 풀 수 있으리라는 희망 없이 그냥 포기하게 됐다." 아인슈타인의 방정식은 충분히 유연하지 못했다.

결국 아인슈타인은 방정식을 살리기 위해 반드시 적분 상수를 도입하기에 이르렀다. 바로 그리스어 Λ(람다)다. 그는 소문자(λ)를 사용했는데 대문자보다 소문자가 더 좋았나? 어쨌든 λ는 우주 상수cosmological constant였다.

수학적으로 완벽한 일격이었다. λ가 없다면 그의 방정식은 의미가 없었다. λ가 포함된 방정식에 의하면 우주에 물질이 가득할 때 우주는 쪼그라들고, 물질이 많지 않다면 우주는 팽창하며, 물질이 아예 없다면 우주는 같은 크

그래, 맞다.
넌 나의 마지막 수야.

기를 유지한다. λ 값이 미세하게 조정되어야만 아인슈타인 본인이 아는 바와 같이 물질을 포함하면서도 크기는 변하지 않는 우주를 묘사할 수 있었다.

아인슈타인은 두 가지 감정을 동시에 느꼈다. 그의 논문은 λ를 사용한 데 따른 사과문처럼 읽히기도 했다. 그는 λ가 자신의 이론의 오점이자 이론을 매우 복잡하게 만든 원인이라고 생각했다. 그는 좌절했다. 마치 자동차 후드에 복잡하고 추한 장치를 달지 않으면 엔진이 작동하지 않는 것만 같았다.

그렇게 10년이 넘는 시간이 흘렀다. 그리고 1929년에 천문학자 에드윈 허블에게서 깜짝 뉴스가 전해졌다. 사실 깜짝 놀랄 정도가 아니라 이제껏 발표된 뉴스 가운데 가장 중대하다고 할 수 있었다.

그 당시 모두가 '우주'universe라 불렀던 것은 엄밀히 말하면 우주가 아니었다. 그것은 우리 은하계에 불과했다. 밤하늘에 떠 있는 흐릿한 나선선 성운들은 또 다른 은하계로, 우리 은하계에서 수백만 광년 떨어져 있었다. 그런데 그것들이 점점 더 멀어졌다. 즉 우주는 우리가 생각했던 것보다 훨씬 컸고 심지어 매 순간 팽창하고 있었다. 각각의 은하계는 부풀어 오르는 빵에 붙은 건포도와 같았다.

우주가 팽창한다는 것은(물론 반드시 그래야 할 필요는 없지만) λ가 0과 같다

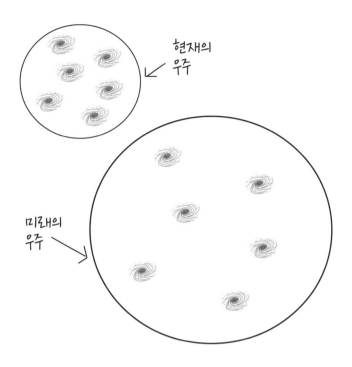

현재의
우주

미래의
우주

는 뜻이었다. 그 사실만으로도 아인슈타인에게는 충분했다. 그렇게 그는 한 치의 주저함도 없이 λ를 폐기하고는 "이론적으로 불만족스러웠다."라고 말하며 λ를 0으로 정했다.(그는 낭만적인 이별과는 거리가 먼 사람이었다.) 그러고는 나중에 이런 말을 남겼다. "만약 허블이 발표한 내용이 상대성 이론을 창작할 당시에 미리 알려졌더라면 우주 상수가 도입될 이유가 없었을 것이다." 그의 친구이자 천문학자인 조지 가모에 따르면 아인슈타인은 이렇게 털어놨다고 한다. "우주 상수의 도입은 내 인생 최대 실수였다."

어떤 사람들은 아인슈타인이 λ를 탓한 이유가 상대성 이론의 최대 성과인 우주 팽창을 예측하지 못했기 때문이라고 비난한다. 그러나 아인슈타인이 그렇게 생각했다는 증거는 어디에도 없다. 그가 우주를 탐구한 이유는 상대성 이론이 옳다는 걸 증명하기 위함이었으며 그는 '빗나간 예측'을 아쉬워한 적도 없다. 오히려 그가 λ를 반대했던 이유는 적분 상수가 0이어야 한다는 심미적 선호에서 유래한 것으로 보인다. 마치 시끄럽게 떠드는 애들은 가라고 말하는 사람들과 같았다.

으, 람다! 너는 여기 있을
이유가 없어. 저리 가!

'최대 실수'였다는 말을 한 이유가 무엇이든 진짜 실수는 그 말 자체에 있었다.

1998년 전해진 소식에 따르면 우주는 단지 팽창만 하지 않았다. 팽창이 가속하고 있었다. 그렇기에 우주 상수는 반세기 만에 다시 살아났다. 심지어 소문자가 아닌 대문자로 등장했다. 이제 Λ는 결코 0이 아니다. '암흑 에너지'dark energy도 포착되었다. 그것은 텅 빈 공간을 채우고 있으면서 중력과 반대되는 독특한 존재다. 현재 계산으로는 암흑 에너지가 우주의 68퍼센트를 구성하고 있다.

아인슈타인의 우주 상수는 지워야 할 오점이 아니었다. 말 그대로 우주의 3분의 2였다.

누구도 아인슈타인을 완벽한 수학자라고 부르지 않는다. 본인 스스로도 마찬가지였다. 그는 열두 살인 펜팔 친구에게 이렇게 편지를 적어 보냈다. "수학

돌아온 걸 환영해! 친구!

이 너무 어렵다고 걱정하지 마. 나도 그렇단다." 《아인슈타인의 실수》Einstein's Mistakes라는 책에 따르면(부탁하건대 《벤 올린의 실수》라는 책을 쓰는 사람이 없길 바란다.) 아인슈타인 논문의 20퍼센트는 상당한 실수를 담고 있다. 미스터 곱슬머리는 그 사실을 침착하게 받아들였을 것이다. 평소 그는 이렇게 재치 있게 말하곤 했으니까. "아무런 실수도 하지 않는 사람은 어떤 새로운 시도도 해 보지 않은 사람이다."

여기까지가 적분 상수에 관한 이야기다. 외면하기 쉽고 이해하기 어려운 스토리다. 그러나 어떤 때는 첨예한 사실을 말해 준다. 초보자는 적분 상수를 빠트리기 쉽지만 전문가는 적분 상수를 기억했다가 다시 처음으로 돌아가 그것을 지우고 그 값이 처음부터 0이었다고 주장할 수도 있다.

여러분은 어떻게 생각할지 모르겠지만 나에게 있어서 아인슈타인의 이야기는 불변의 상수가 눈앞이 어지러울 정도의 변화를 이야기해 이토록 휘어지고 팽창하는 우주에 내가 몸담고 있다는 사실을 감사하게 한다.

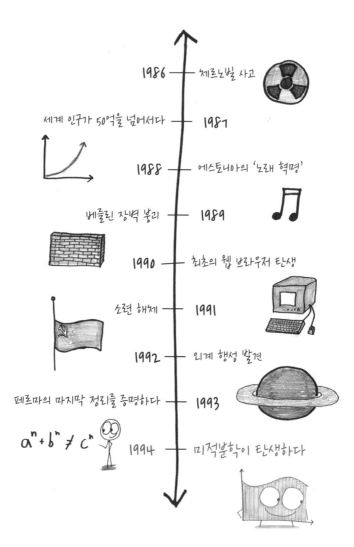

1986 — 체르노빌 사고

세계 인구가 50억을 넘어서다 — 1987

1988 — 에스토니아의 '노래 혁명'

베를린 장벽 붕괴 — 1989

1990 — 최초의 웹 브라우저 탄생

소련 해체 — 1991

1992 — 외계 행성 발견

페르마의 마지막 정리를 증명하다 — 1993

$a^n + b^n \neq c^n$

1994 — 미적분학이 탄생하다

영원 XXII.
지난 20세기의 주요 발전

1994년, 미적분학이 탄생하다

미적분학이 혈당치를 측정하다

의학 저널 〈당뇨 케어〉Diabetes Care 1994년 2월 호에 연구원 메리 테이가 작성한 〈포도당 내성과 기타 신진대사 곡선의 면적을 측정하는 수학 모델〉A Mathematical Model for the Determination of Total Area Under Glucose Tolerance and Other Metabolic Curve이란 논문이 실렸다.

제목을 보니 어떤가? 관심이 생기는가?

자, 여러분이 음식을 섭취할 때마다 혈관에는 당이 흐른다. 여러분의 몸은 시금치나 스테이크를 비롯한 무엇으로든 포도당을 만들어 내기 때문에 '벤 올린 다이어트'는 기왕 먹을 거 맛있는 달콤한 시나몬 롤을 먹으라고 권한다. 어떤 식사를 했든 여러분의 혈당 수치는 상승했다가 시간이 흐른 뒤 원상태로 돌아온다. 여기서 중요한 질문, 혈당 수치는 얼마나 오를까? 또 얼마나 빨리 떨어질까? 즉 혈당 수치가 그리는 곡선은 어떤 모습일까?

'혈당 반응'glycemic response은 순간적으로 뾰족하거나 꾸준히 일정한 모습을 하지 않는다. 즉 수많은 짧은 순간들의 연속이다. 의사들이 혈당 반응을 보며 알고 싶은 건 곡선 아래의 면적이다.

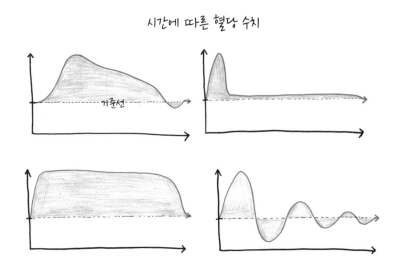

시간에 따른 혈당 수치

저런, 안타깝게도 의사들은 적분 공식을 사용할 수 없다. 적분 공식은 수식으로 깔끔하게 정리된 곡선을 위한 것이기 때문이다. 위 그래프들은 실험 결과로 얻은 점을 선으로 연결한 것으로 현실에서 이들을 처리하려면 근사법을 이용해야 한다.

이 지점에서 메리 테이의 논문이 제 역할을 한다. 논문에 따르면 "테이 모델에서 곡선 아래의 면적은 여러 개로 나뉜 구역으로 계산된다. (……) 사각형과 삼각형으로 이루어진 구역은 각각 기하학 공식에 따라 정확히 구할 수 있다."

테이는 "곡선 아래의 면적을 구하는 다른 방식은 정확한 값과 비교할 때 매우 크거나 작았다."라고 했다. 이와 대조적으로 그의 방법은 오차 범위가 0.4퍼센트에 불과했고 단 한 가지 지적만 제외하면 매우 훌륭했다.

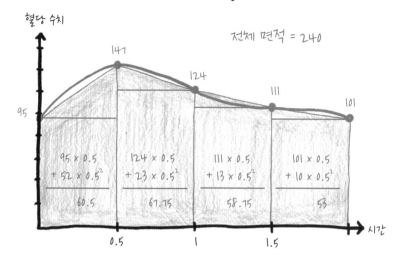

테이의 방법

혈당 수치

전체 면적 = 240

147

124

111

101

95

| 95 × 0.5 + 52 × 0.5² | 124 × 0.5 + 23 × 0.5² | 111 × 0.5 + 13 × 0.5² | 101 × 0.5 + 10 × 0.5² |
| 60.5 | 67.75 | 58.75 | 53 |

95×0.5
$+ 52 \times 0.5^2$
60.5

124×0.5
$+ 23 \times 0.5^2$
67.75

111×0.5
$+ 13 \times 0.5^2$
58.75

101×0.5
$+ 10 \times 0.5^2$
53

0.5   1   1.5   시간

자, 전산학 입문을 살펴보자.

수학자들은 수 세기 동안 실제적인 근사법으로 계산할 경우 리만의 직사각형 합보다 더 좋은 방법이 있다는 걸 알고 있었다. 그래프 곡선을 따라 점을 찍은 다음 이 점들을 직선으로 서로 연결할 수 있는데 그러면 276쪽 그림처럼 부등변 사각형이 그려진다.

1994년은 잊으라. 이 방식이 처음 등장한 건 1694년도 기원전 94년도 아니다. 고대 바빌로니아인들은 목성이 움직인 거리를 계산하기 위해 이미 부등변 사각형 방식을 이용했다. 테이는 논문을 썼고 편집자는 승인했고 〈당뇨 케어〉가 발표했지만 이 방식은 이미 수천 년 전부터 있었다. 참신해 보였지만 학부생 숙제로 내기에나 적합한 내용이었다.

수학자들은 신이 난 채 테이를 비판했다.

1단계. 머리 가로젓기. 한 비평가가 〈당뇨 케어〉에 글을 썼다. "테이는 이미 잘 알려진 단순한 공식을 마치 자신의 수학 모델처럼 제시했다. 제시한 방

부등변 사각형 방법

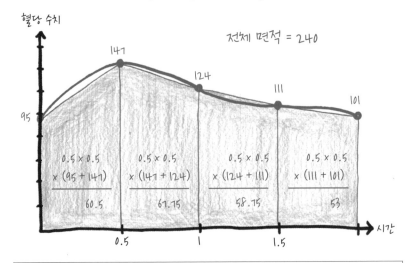

혈당 수치

전체 면적 = 240

147

124

111

95

101

$$0.5 \times 0.5 \times (95 + 147)$$

60.5

$$0.5 \times 0.5 \times (147 + 124)$$

67.75

$$0.5 \times 0.5 \times (124 + 111)$$

58.75

$$0.5 \times 0.5 \times (111 + 101)$$

53

0.5

1

1.5

시간

질문: 여러분은 테이의 방식과 부등변 사각형 방식의 차이점 열 가지를 발견할 수 있는가?

정답: 테이의 것은 곡선이고 부등변 사각형은 곡선이 아니다.

식조차 잘못되었다."

2단계. 조롱하기. 누군가가 온라인으로 댓글을 달았다. "수학에 대한 극단적인 무지다." 이 글에 여러 사람이 댓글을 남겼다. "아주 우스꽝스럽다."

3단계. 화해. 일전에 자신이 발표한 논문으로 테이에게 공격을 받았던 당뇨 연구자가 글을 남겼다.(테이가 그 논문을 잘못 이해했음이 나중에 밝혀졌다.) "이번 사태의 교훈은 곡선 아래의 면적을 구하는 일이 매우 어렵다는 것이다. 나는 이번 사태의 혼란에 책임감을 느낀다."

4단계. 가르침의 순간. 수학자 두 명이 테이의 주장에 반박했다. 테이는 자신의 식이 부등변 사각형에 관한 게 아니라 사각형, 삼각형과 관련 있다고 우겼다. 두 수학자는 테이에게 다음 그림을 보여 주었다. "여기서 볼 수 있듯 작은 삼각형과 인접한 사각형은 부등변 사각형이 된다."

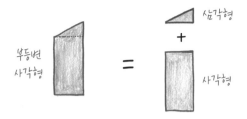

부등변
사각형 = 삼각형 + 사각형

5단계. 자기 성찰. 이 사태를 조롱하는 블로그 포스트를 본 누군가가 다음과 같은 글을 남겼다. "나 역시 의기양양한 물리학자로서 이 글이 재밌다고 생각하지만, 한편으로는 우리가 더 비참해 보이는 것 같다. (……) 물리학자 중에도 의학이나 경제학에 관해 말도 안 되는 이야기를 하는 사람이 매우 많은 게 사실이다."

부록*을 없애야겠어요.

래요? 무슨 문제 있어요?

부록을 아무도 읽지 않아서 필요가 없어요.

네?

우리가 수학 박사에게 의사 면허를 주지 않는 이유

• appendix에는 부록 말고 맹장이라는 뜻도 있다.—옮긴이

그건 그렇다 치고 많은 수학자 역시 (이미 남이 만들어 놓은) 바퀴를 재발견해 왔다. 전설적인 수학자 알렉산더 그로텐디크도 대학원생 시절 르베그 적분을 재발명했다. 이미 르베그가 정리한 사실을 모른 채 행동한 것이다.

테이는 스스로 말했듯 절대 그 방식을 자랑하려 했던 것이 아니다. "나는 모델을 발표하면서 위대한 발견이나 놀라운 성취라고 생각하지 않았다. 그러나 동료들이 그 모델을 사용하기 시작했고 연구원이 발표되지 않은 작업을 언급할 수는 없으므로 나는 요청에 따라 논문을 제출했을 뿐이다."

그는 후속 연구가 이어지도록 자신의 생각을 공유하려 한 것이다.

아, 그러나 학계에서 논문 발표는 단지 정보를 공유하기 위함이 아니다. 즉 '여기 내 생각을 들어 보세요.'라고 말하는 것 이상으로 '여기 내가 발견한 게 있으니 와서 나를 칭찬해 주세요. 감사합니다. 좋은 밤 되세요!'라고 말하는 것과 같다.

이런 식의 논문 발표에는 단점이 있다. 수학자 이자벨라 라바는 "가장 기본적이고 가장 중요한 우리의 소통 채널은 연구 논문이다."라고 운을 떼었

이것을 발표합니다!

내가 만든 수학

무슨 〈라이온 킹〉에서 심바를 들어 올리듯 논문을 높이 쳐드는 게 '논문 발표'를 하는 거야?

논문아, 너는 무수히 인용되어 빛이 될 거야.

내가 만든 수학

다. "그건 제법 덩치가 크다. 무언가에 기여하고 싶어도 우선 새롭고 흥미롭고 중요한 연구 결과를 미리 갖고 있는 게 먼저다."

그는 이러한 상황을 20달러짜리 지폐에 비유했다. 거래의 가장 작은 단위가 20달러라면 빵을 만들어 팔 수나 있을까? 머핀 하나에 20달러나 내도록 사람들을 구슬리거나 공짜로 나눠 줘야 한다. 테이는 20달러를 지불하는 선택을 했지만 어떤 것을 선택하든 좋아 보이지 않는다. "우리는 더 작은 단위로 거래할 수 있어야 한다." 라바는 계속해서 말을 이었다. "거창한 논문이 아니더라도 작은 기여 정도는 할 수 있어야 한다. 말하자면 블로그에 글을 쓰는 것처럼."

적분은 수학자만을 위한 게 아니다. 수문학자는 적분을 이용하여 지하수를 따라 흐르는 오염 물질을 추산한다. 생명 공학자는 적분을 이용하여 폐 기능에 관한 이론을 시험하며, 경제학자는 소득 분배를 분석하고 완전한 균등에서의 편차를 구한다. 적분은 당뇨 연구, 역학, 제정신이 아닌 러시아 소설 등 곡선 아래의 면적을 측정하려는 어느 분야나 어떤 사람에게도 활용 가능하다. 적분은 못으로 가득한 세상의 망치와 같으며 절대 대장장이만의 것이 아니다.

그러나 부족한 점이 많은 나를 비롯한 수학 교사들은 실수할 때가 있다. 우리는 적분을 미분의 반대 개념으로 강조한다. 그런 경우 이론적으로 잘 세팅된 곳, 즉 곡선에 관한 분명한 수식이 있는 상황에서만 적분 값을 구할 수 있다. 이는 실습보다 철학을 중시하며 경험보다 관념을 우선시하게 한다.

적분은 오래되기도 했다. 수학자이자 교수인 로이드 트레페텐은 "'수치 해석'numerical analysis은 수학에서 가장 넓은 분야로 성장했다. 그런데 수치 해석

학계에 통용되는 것

학계에 필요한 것

을 가능케 한 알고리즘 대부분은 1950년 이후에 개발되었다."라고 말했다. 음, 그러나 그중에 부등변 사각형 방식은 없었다. 오랜 전통에도 불구하고 미적분학은 1994년 이후로도 꾸준히 성장하고 있다.

영원 XXⅢ.
윤리학자의 실험실

제23장

고통을 반드시 느껴야 한다면

미적분학이 영혼을 측정하다

철학자 제러미 벤담은 1780년에 다음과 같이 말했다. "자연은 인간을 두 명의 군주 아래 두었다." 명백한 후보자인 낮잠과 피칸 파이 대신 그가 선택한 쌍둥이 군주는 **쾌락**과 **고통**이었다. 나는 충분히 말이 된다고 생각한다. 벤담의 말은 받아들이기 어렵지 않다. 즉 우리는 고통을 최소화하고 쾌락을 최대화해야 한다.

여기서 **공리주의**가 탄생했다. 모든 철학이 그렇듯 공리주의도 처음 등장했던 당시보다 훨씬 복잡해졌다.

공리주의는 우리에게 최대 다수의 최대 행복을 요구한다. 열 명보다 열한 명의 등을 긁어 주는 편이 낫다. 한 명의 뺨을 때리는 것보다 아무도 때리지 않는 편이 낫다. 이해하기 매우 쉽다. 그렇다면 고통과 쾌락이 서로 맞서고 있다면 어떨까? 한번 상상해 보자. 우리가 생명을 살리기 위해 다른 사람의 정강이를 발로 차야 한다면 어떻게 될까? 한 명의 목숨을 구할 수만 있다면

50명 아니, 500명의 정강이를 발로 찰 수도 있을 것이다. 그러나 5만 명이라면 어떨까? 500만 명이라면? 단 한 명의 목숨을 구하기 위해 인류 전체의 정강이를 차야 한다면? 전 인류의 고통이 1분 동안 지속된다고 가정할 경우, 단한 명의 목숨을 구하기 위해 거의 200명이 평생 고통을 느끼는 셈이라고 환산할 수 있다. 그렇다면 반대로 모든 사람의 정강이를 위해서 한 명이 희생해야 할까?

전 인류의 정강이를 위해서 한 명이 죽어야 할까?

공리주의는 윤리를 수학으로 표현했다. 철학자들은 이를 두고 '행복 계산법'felicific calculus이라 말한다. 어떤 행동을 판단하기 위해서 우리는 그 행동이 일으킬 쾌락과 고통을 정량화하는데 그러면서 쾌락과 고통은 서로 비교된다. 벤담은 그러한 개념을 잘 요약했다.

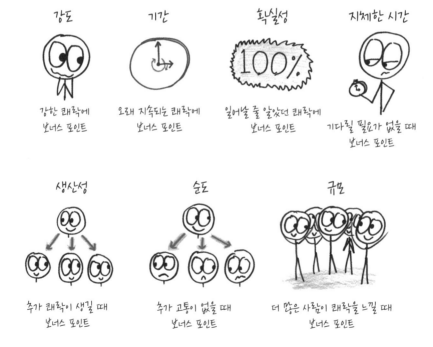

강도
강한 쾌락에 보너스 포인트

기간
오래 지속되는 쾌락에 보너스 포인트

확실성
일어날 줄 알았던 쾌락에 보너스 포인트

지체한 시간
기다릴 필요가 없을 때 보너스 포인트

생산성
추가 쾌락이 생길 때 보너스 포인트

순도
추가 고통이 없을 때 보너스 포인트

규모
더 많은 사람이 쾌락을 느낄 때 보너스 포인트

벤담은 심지어 국회 의원들이 기억하기 쉽도록 짤막한 노래도 지었다.

강도, 기간, 확실성, 지체한 시간, 생산성, 순도—

쾌락과 고통의 점수는 지속하네.

그러한 쾌락은 묻네. 그 끝이 사적인지.

만약 공적이라면 쾌락을 더 넓히소서.

그러한 고통은 피하네. 그대가 어디를 바라보든지.

고통을 반드시 느껴야 한다면 최소한으로 좁히소서.

나는 훌륭한 시를 좋아한다. 심지어 훌륭하지 않은 시도 좋아한다. 그런 내가 벤담이 가사를 좀 더 잘 썼다면 좋았을 텐데 하고 생각했다. 수학책을 만들며 이런 말을 하리라곤 상상도 못 했다. 시인 에밀리 디킨슨은 이런 말을 남겼다. "대수학을 대하는 것처럼 혼을 담으라!"

벤담도 그 말에 동의했겠지만 그렇다고 대수학 교사처럼 행동하진 않았다. 연습 문제와 예제는 어디 있는가? 그가 우리에게 네모 칸이 그려진 깔끔한 정리theorem를 주었는가? 경제학자 윌리엄 제번스가 실제 미적분학을 활용해 행복 계산법을 구축하기까지는 한 세기가 걸렸다.

자, y축은 행복의 강도를 나타낸다.

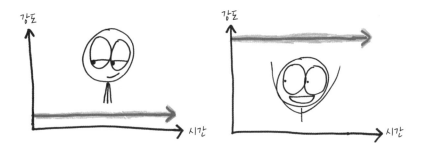

그리고 x축은 행복의 기간을 뜻한다.

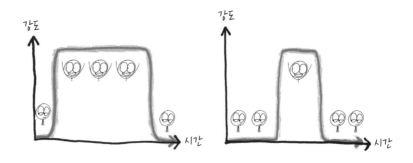

여러분이 아웃캐스트Outkast의 노래 〈소 프레시, 소 클린〉을 듣고 있다고
치자. 이 노래의 길이는 정확히 딱 4분이며 노래가 흘러나오는 동안 '완전 쿨
한' 기분이 이어질 것이다. 노래를 듣는 순간의 기쁨을 계산하는 건 단순한
곱셈이다. 마치 사각형 넓이를 구하는 것과 같다.

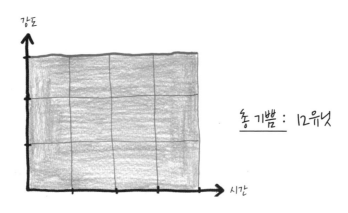

제번스는 이어 "그러나 만약 기쁨의 강도가 시간에 따라 변한다면(노래가
아웃캐스트의 것보다 신나지 않으면 그럴 수 있다.) 감정의 총량은 무한소를 더하
거나 적분해야 구할 수 있다."라고 했다.

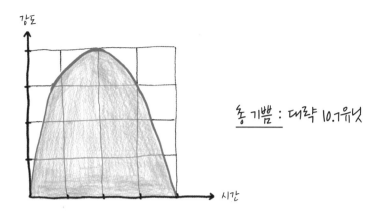

총 기쁨 : 대략 10.7유닛

즉 제번스에 따르면 매우 시원한 등 긁기 2분은 적당한 세기의 등 긁기 5분과 기쁨의 총량이 "같을 수 있다." 또는 괴로운 소변 참기 두 시간은 몹시 괴로운 소변 참기 30분과 고통의 총량이 "같을 수 있다." 시인 로버트 프로스트는 시에 "행복은 모자라는 길이만큼 높이로 채워 가는 것이다."라고 제목을 붙인 적이 있다. 제번스는 그 제목을 수학적으로 명확히 보여 주었다.

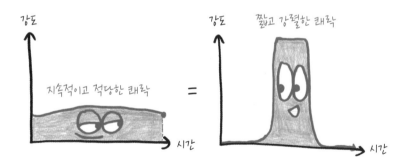

제번스는 또한 쾌락과 고통이 서로 상쇄될 수 있다고 주장했다. 물론 일부 공리주의자들은 쾌락의 단위인 '히돈'hedon과 고통의 단위인 '돌러'dolor가 사과 주스와 오렌지색 스웨터처럼 서로 비교할 수 없는 다른 종류라고 주장했

지만, 제번스는 쾌락과 고통이 단지 "양陽과 음처럼 서로 반대되는 양量"이라고 말했다.

벤담이 윤리 문제를 수학으로 표현했다면 제번스는 한발 더 나아가 측정하는 것으로 바꿨다. 윤리학은 데이터 수집 분야가 되었다. 제번스의 아이디어가 맞다면 옳은 일을 하는 것이란 가방의 무게를 재거나 계산서의 총계를 구하는 것처럼 쉽게 정량화할 수 있어야 했다. 그는 우리의 순간적인 무한소의 일상을 간단한 적분으로 바꿨다. 여러분은 아마 그의 아이디어를 윤리학 역사상 최고의 혁신이라고 말할지도 모르겠다.

이런, 은연중에 실제로는 그렇지 않다고 말한 셈인가.

제번스 이후로 100년이 지나고 심리학자 대니얼 카너먼이 이끄는 연구팀이 고통에 관한 특별한 실험을 진행했다. 얼음물에 손을 담그는 실험이었다.(어쩌면 심리학은 소시오패스를 위한 사회학일 수도 있다.) 첫 번째 실험에서는 한 손을 14도인 물에 1분 동안 담갔다. 그다음 두 번째 실험에서는 다른 손을 14도인 물에 1분 30초 동안 담갔는데, 이때 물의 온도는 14도에서 15도로 서서히 바뀌었다.

그리고 실험 참가자에게 물었다. 이 실험을 다시 한다면 어느 쪽을 선택하겠는가?

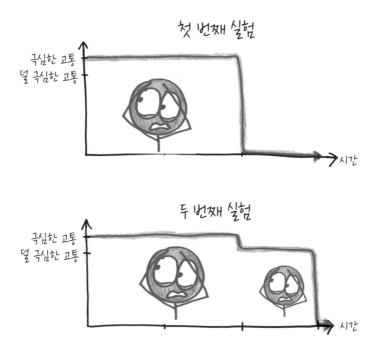

만약 제번스의 이론이 맞다면 참가자 중 아무도 두 번째 실험을 택하지 않았을 것이다. 왜냐하면 첫 번째 실험과 같은 고통을 느낀 후에 추가적인 고통마저 겪어야 하기 때문이다. 여러분이 북극곰이거나 혹은 고통에서 희열을 느끼는 편이 아니라면 30초나 더 물에 손을 담그는 건 피하고 싶지 않겠는가?

그러나 놀랍게도 참가자들은 두 번째 실험을 선택했다. 그들에게는 실험 시간이 얼마나 흘렀는지가 중요하지 않았다. 그 대신 고통의 최대치와 마지막 순간에 느낀 고통의 크기에 집중했다. 두 번째 실험에서는 뒤로 갈수록

고통이 조금씩 감소했으므로 참가자들은 첫 번째 실험보다 더 견딜 만하다고 느꼈다.

인간이 기억하는 감정은 제번스가 말하는 적분처럼 작동하지 않는다. 피날레가 중요하다. 작가 레이 브래드버리의 말이 떠오른다. "좋은 영화인데 엔딩이 그저 그렇다면 그저 그런 영화가 된다. 괜찮은 영화인데 엔딩이 최악이면 최악의 영화가 된다." 무엇이 스토리를 재밌게 만들거나 슬프게 만드는가? 무엇이 영화를 비극으로 바꾸거나 코미디로 바꾸는가? 모든 것은 엔딩이 결정한다. 그렇기에 우리는 누군가가 임종을 맞이했을 때 그 자리를 지키거나 유언을 기다린다. 마지막 몇 분이 그의 일생을 재정의할 수 있기 때문이다.

공리주의의 기초를 이루는 건 주관적 경험, 즉 인간의 감정이다. 때때로 이러한 기초는 굳건한 바위라기보다 물처럼 흐르는 마그마 같다. 따라서 윤리를 수학으로 옮기는 건 어려운 과제다.

그런데도 여전히 공리주의는 우리에게 도덕적으로 꼭 필요한 목소리다. 그렇다. 우리는 '최대 행복'을 무엇에 비유하며 논할 것인가? 19세기 경제학자이자 철학자인 존 스튜어트 밀은 "만족스러운 바보가 되느니 불만족스러운

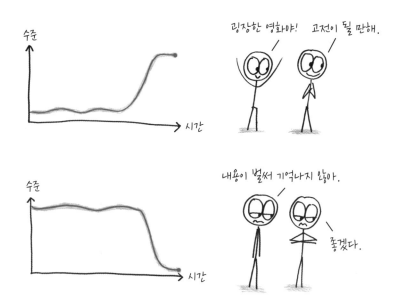

소크라테스가 되는 편이 더 낫다."라고 말했다. 또한 누가 '최대 다수'를 논할 것인가? 철학자 피터 싱어는 "인류 대부분은 (인간이 만물의 영장이라는) 종種 차별주의자다."라고 경고했다. 마지막으로 수십억이나 되는 인구의 주관적인 경험을 어떻게 간단한 합으로 나타낼 수 있을 것인가? 톨스토이라면 도울 수 있을까? 우리는 어쩌면 제번스의 윤리 계산법은 거부해 놓고 복잡한 감정을 더 정확히 표현할 수 있다면서 스스로 또 다른 윤리 계산법을 만들어 내지 않았는가? 분명하든 그렇지 않든 한결같든 그렇지 않든 우리는 일종의 행복 계산법에 따라 살고 있다.

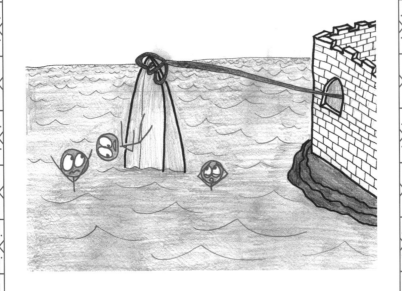

영원 XXIV.

아르키메데스의 갈고리: 출처는 불문명, 굉장한 사건임은 분명

제24장

신들과 싸우다

미적분학이 로마의 공격을 막아 내다

여러분은 로마인을 어떻게 알고 있는가. 그들은 콧대가 세고 유머 감각이 없으며 자신들의 대리석 유적이 1000년 동안 이어지리라 믿은 사람들이었다. 기원전 212년에 로마 군대는 시칠리아섬 해변으로 향했다. 작고 완강한 도시인 시라쿠사를 정복하기 위해서였다. 역사가 폴리비오스가 들려주듯 로마 군대는 완전 무장한 상태였다. 배 60척은 '궁수, 투석병, 창병'들로 가득했다. 거대한 사다리 네 개도 실려 있었다.

그러나 시라쿠사인들은 "로마의 손아귀에 있을 때는 로마인처럼 행동하라."라는 오래된 격언을 잘 알았다. 무슨 말이냐면 죽기 살기로 싸우란 뜻이다. 그들은 크고 작은 투석기를 전부 끌고 와 '어마어마하게 많은 돌'과 '거대한 납덩어리'를 퍼부었고 화살을 소나기처럼 쏘았다. 그러더니 거대한 갈고리가 성벽에서 나와 로마의 배를 움켜쥐었다. 배들은 "뾰족한 바위 쪽으로 끌려갔고 바다 밑으로 침몰했다." 역사가 플루타르코스는 다음과 같이 기록했다. "보이지 않는 힘에 수많은 피해를 본 로마인들은 자신들이 신들과 싸우고 있다고 생각하기 시작했다."

아니다. 상황은 더 나빴다. 그들은 아르키메데스와 싸우고 있었다.

책략가, 몽상가, 올스타 중의 올스타

아르키메데스는 여러분이 아는 모든 위대한 수학자 중 첫 번째로 손에 꼽히는 인물이다. 갈릴레이는 그를 '초인'이라 불렀으며 라이프니츠는 아르키메데스가 다른 사상가들을 평범해 보이게 만드는 천재 그 자체라고 열변을 토했다. 볼테르는 이렇게 적었다. "아르키메데스는 호메로스보다 상상력이 풍부하다." 물론 아르키메데스가 수학계 노벨상인 필즈 메달을 받은 적은 없다. 그러나 그 메달엔 그의 얼굴이 새겨져 있다.

그가 얼마나 똑똑한지 알고 싶은가? 다음의 정육면체를 각각 다른 세 가지 방법으로 잘라 보자.

세 도형은 모두 똑같은 피라미드다. 모두 바닥이 정사각형이며 꼭대기가 한쪽으로 치우쳤다. 각각의 피라미드는 원래 정육면체 부피의 3분의 1이다.

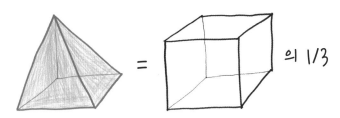

지금까지 한 설명을 잘 이해했는가? 자, 이제부터 본격적으로 시작한다.

피라미드 하나를 선택해 가로로 매우 얇게 여러 층으로 무수히 잘라 보자. 내가 칼질에 얼마나 서툰지 여러분이 안다면 날 그다지 신뢰하지 않겠지만, 어쨌든 얇게 자른 피라미드의 각 층은 모두 정사각형이 되어야 한다.

제일 밑바닥 층은 정육면체의 한 면과 같고 제일 꼭대기 층은 너무 작아서 한 점과 같다. 꼭대기와 밑바닥 사이에는 서로 다른 중간 크기의 층이 각각 존재한다.

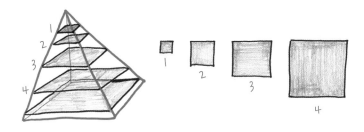

자, 좀 더 집중해 보자. 이제 각 층의 정사각형을 매우 얇은 카드라고 생각

해 보자. 이 카드들을 뒤섞는다고 해서 피라미드의 부피가 바뀌진 않을 테니 카드들을 마구 섞을 수 있다. 그런데 이때 피라미드가 한쪽으로 쏠리지는 않았는가? 이렇게 한쪽으로 치우친 카드들을 모두 같은 **중심점**을 갖도록 조금씩 옮길 수는 없을까? 그렇게 조절하면 우리의 살짝 기울었던 피라미드는 이집트의 정통 피라미드와 같은 모습이 된다.

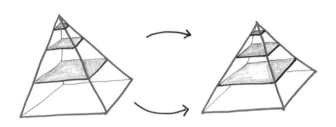

그리고 다시 말하지만 부피는 변하지 않는다. 여전히 정육면체 부피의 3분의 1이다.

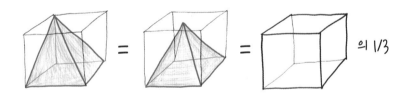

우리는 이제 매우 중요한 대목에 이르렀다. 수학자 보나벤투라 카발리에리가 1800년 후에 앞서 이야기한 사실을 다시 발견했을 때, 사람들은 그것을 '카발리에리의 정리'라고 불렀다. 그러나 사실 따지고 보면 그 정리의 기원은 기원전 5세기경 안티폰Antiphon까지 거슬러 올라가고, 기원전 4세기경에는 에우독소스가 나와 똑같은 설명을 이미 서술했으며, 기원전 3세기경에는 아르키메데스가 이미 이 정리와 관련하여 뛰어난 업적을 남겼다. 나는 전투에 패해 공황에 빠진 로마인들을 기려 카발리에리의 정리를 '무수한 피해의 원리'라 부르겠다.

이 정리에 담긴 아이디어는 간단하다. 여러분이 3차원 도형의 단면을 넓이가 같은 다른 단면으로 교체한다고 하더라도 도형의 총 부피는 변하지 않는다. 예를 들어 우리는 정사각형을 동일한 넓이의 직사각형으로 바꿀 수 있다. 이제 피라미드는 직사각형 단면으로 이루어져 있지만 여전히 직육면체 부피의 3분의 1에 해당한다.

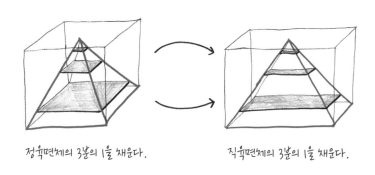

정육면체의 3분의 1을 채운다.　　　　직육면체의 3분의 1을 채운다.

여기에서 한 단계 더 나아가 볼까? 우리는 정사각형을 원으로 바꿀 수도 있다. 펜과 종이를 가지고 이를 실제로 그려 보는 것은 말 그대로 '정사각형과 면적이 똑같은 원을 그리는' 것이다. 하지만 불가능하다. '손으로' 그리는 건 그림 작가에게나 맡기자. 우리는 글라이더를 타고 순수 기하학의 구름 속을 유영할 수 있다. 이제 상상 속에서 각자의 정사각형을 그 면적은 똑같이 유지한 채 천천히 원으로 바꿔 보자.

그러면 우리의 피라미드는 원뿔이 되고 정육면체는 원기둥이 된다. 따라서 원뿔은 원기둥 부피의 3분의 1이다.

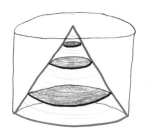

원뿔은 원기둥을 3분의 1만큼 채운다.
간단한 증명이 우리 마음을 100퍼센트 채웠다.

제법 괜찮지 않은가? 2세기에 플루타르코스는 이를 두고 다음과 같이 표현했다.

모든 기하학에서 더 어렵고 더 복잡한 문제를 찾을 수는 없다. 더 간단하고 더 명쾌한 설명도 찾을 수 없다. 여러분이 어마어마한 양을 조사한다 해도 증명에는 성공하지 못할 것이며, 일단 그의 증명을 한번 보기만 해도 여러분은 마치 스스로 발견한 듯 쉽게 받아들일 것이다. 아르키메데스는 여러분을 굉장히 매끄럽고 빠르게 결론으로 인도한다.

그러나 이런 기하학 문제와 증명만으로는 '전쟁 천재' 아르키메데스를 정확히 설명할 수 없다. 여러분은 궁금해해야 한다. 로마의 배를 파괴한 갈고리는 도대체 어떻게 나타난 것일까? 플루타르코스는 다음과 같이 기록했다. "그가 디자인하고 설계한 갈고리는 어떤 중요성 때문이라기보다 순전히 재미 삼아 만든 것이었다." 별나게 들릴지도 모르겠지만 수학의 역사는 늘 그런 식으로 이루어졌다. 목적 없는 상상의 비약이 어떻게든 기술적 혁신으로 이어졌다.

비록 로마인들은 순수 수학적 탐구의 가치를 인정하지는 못했지만 죽음의

갈고리에 관해서는 그 진가를 확실히 알아봤다. 자신들이 영화 〈나 홀로 집에〉에 나오는 악당임을 인식한 마르켈루스 장군과 로마군은 즉각 후퇴했다.

그로부터 몇 달 뒤 어느 날 오후, 아르키메데스는 땅 위에 다이어그램을 끼적이고 있었다. 아마도 자신이 가장 좋아하는 증명을 다시 훑어보고 있었을 것이다. 그는 가족과 친구들에게 그 증명을 자신의 무덤에 새겨 달라고 부탁까지 했다.

그것은 구에서 시작한다.

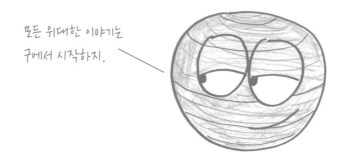

구를 원기둥으로 둘러싸는데 마치 잘 포장된 테니스공 케이스에 담긴 것처럼 완벽하게 꼭 들어맞는다.

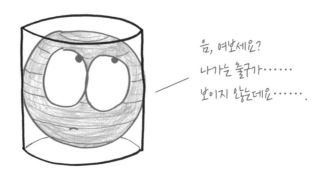

음, 여보세요?
나가는 출구가……
보이지 않는데요…….

아르키메데스의 질문은 다음과 같았다. **구의 크기는 원기둥의 몇 분의 몇인가?**

(사실, 실제로는 좀 더 단순했다. 구의 크기가 도대체 얼마인지 궁금했다. 그러나 어떤 크기를 말할 때는 반드시 기준이 있어야 하는 법. 예를 들어 내 키는 5와 3분의 2피트(약 172센티미터)다. 우리는 피트의 길이를 이미 알고 있지 않은가? 마찬가지로 구의 크기는 원기둥의 크기로 표현할 수 있다.)

우선 전체를 반으로 자르자. 이제는 꼭 맞는 케이스에 들어가 있는 테니스공이 아니라 아이스하키 퍽 속에 자리한 반구다.

이제 우리는 반구의 부피를 고민할 게 아니라 아이스하키 퍽에서 반구만큼 뺀 공간에 집중해야 한다. 공간을 매우 얇게 무한히 썰었다고 생각하면 공간의 부피가 얇은 고리로 차 있음을 알 수 있다. 즉 가운데에 구멍이 난 얇은 원판 말이다.

제일 아래에 있는 고리는 그 폭이 매우 좁아서 거의 선에 가까울 것이다. 반면 제일 위에 있는 고리는 폭이 매우 넓은데 그 가운데 뚫린 구멍은 거의 점에 가까울 것이다. 그리고 제일 위와 아래 사이에는 서로 다른 중간 크기의 고리들이 쌓여 있을 것이다.

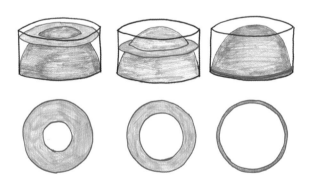

이 고리들의 넓이는 각각 얼마일까? 고리의 넓이는 πh^2로 간단히 계산할 수 있는데, 여기서 h는 고리의 높이다.

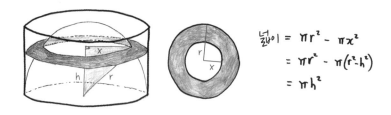

$$넓이 = \pi r^2 - \pi x^2$$
$$= \pi r^2 - \pi(r^2 - h^2)$$
$$= \pi h^2$$

다시 말해 각 고리의 넓이는 반지름이 h인 원의 넓이로 바꿀 수 있다.

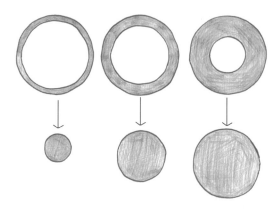

잘 보라! 각 고리를 원으로 바꾸면 이제 우리에게 남는 건 퍽을 채운 반구가 아니라 뒤집힌 원뿔이다.

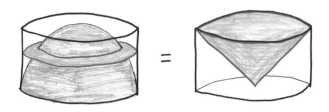

앞서 살펴봤듯이 원뿔의 부피는 원기둥 부피의 3분의 1이다. 따라서 퍽에

서 반구만큼 뺀 공간의 부피가 원기둥 부피의 3분의 1이므로 반구의 부피는 원기둥 부피의 3분의 2다.

결론: 구의 부피는 원기둥 전체 부피의 3분의 2다.

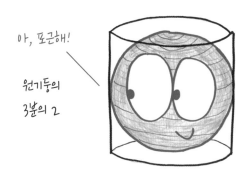

시칠리아 땅에 이 다이어그램을 그리면서 아르키메데스는 수천 년이나 앞서 적분을 꿈꿨다. 넓이, 부피, 무수히 많은 단면, 문제를 풀기 위한 재배열…… 이런 것들이 후대에 적분을 탄생시킨 자양분이 되었다. 그런데 미적분학이 탄생하기까지 왜 그리 오랜 시간이 걸렸을까?

로마는 바로 그날 시라쿠사를 접수했다. 그곳은 불길에 휩싸였고 로마군은 미친 듯이 날뛰며 약탈하고 살해했다. 역사가 티투스 리비우스는 "들끓는 피와 탐욕 속에서 잔혹한 행위가 이루어졌다."라고 기록했다. 로마의 장군 마르켈루스는 위대한 아르키메데스를 죽이면 안 된다고 명령했는데, 어느 역사가는 "아르키메데스를 살리는 일에 시라쿠사를 정복하는 것만큼 공을 들였다."라고 표현하기도 했다.

아르키메데스는 도시가 무너지는 것을 알아차리지도 못했다. 땅 위에 그린 눈부신 수학의 아름다움에 비하면 약탈과 파괴는 그에게 사소한 일에 불과했기 때문이다.

역사가마다 아르키메데스와 로마 병사가 마주쳤을 당시를 다르게 묘사하고 있다. 어떤 역사가는 아르키메데스가 로마 병사에게 "제발, 제가 그린 원을 건드리지 마십시오."라고 간청했다고, 또 다른 역사가는 "이보게, 내가 그린 다이어그램에서 물러서게." 하고 외쳤다고 표현했다. 어쩌면 그는 자기 목숨보다 다이어그램이 더 소중하다는 듯 손으로 땅을 가리며 이렇게 말했을지도 모른다. "내 머리는 가져갈 수 있지만 이 그림은 안 된다!" 어찌 됐든 그 병사가 아르키메데스를 살해했다는 것에 모든 역사가가 동의한 바다. 그가 그린 그림 위로 그의 피가 흘렀다. 마르켈루스는 적절한 장례를 치르도록 했고 아르키메데스의 친지들에게 기증품과 호의를 베풀었다. 그러나 로마군에게 무한한 피해를 준 사내는 세상을 떠나고 말았다.

오늘날 아르키메데스가 남긴 위대한 유산은 투석기나 갈고리가 아니라 바로 기하학이다. 그의 명쾌한 설명과 무한에 대한 이해는 얼마나 미적분학에 가까이 다가갔던가. 조금만 힌트를 줬더라면 그는 정말로 미적분학을 탄생시켰을까? 미적분학이 수천 년 앞서 등장할 수 있었을까?

여기, 수학자 앨프리드 화이트헤드의 증언에 귀를 기울여 보자.

> 로마 병사의 손에 아르키메데스가 살해된 사건은 세상을 뒤바꾼 지극히 중요한 상징적인 일이다. 순수 과학에 빠져 있던 그리스인들은 유럽 세계를 이끈 현실적인 로마 지도자들로 대체되었다.

현실성practicality에는 아무런 문제가 없다. 문제 될 게 있나? 19세기 영국 총리 벤저민 디즈레일리는 현실적인practical 사람을 "선조의 실수를 되풀이해 실천하는practice 사람"으로 정의했다. 화이트헤드에 따르면 로마인이 바로 그랬다. 정복한 문명 그 어디에서도 정복당한 사람들의 창의적인 불꽃이 발견되지 않았다.

> 그들의 진보는 일부 공학적인 디테일에 지나지 않았다. 그들 중에는
> 꿈꾸는 자가 많지 않았다. (……) 그들, 즉 로마인 중 누구도 수학
> 다이어그램에 몰두해 목숨을 잃은 자는 없었다.

몇 세기가 지나고 시라쿠사 현지인들이 아르키메데스의 유산을 모두 잃어버렸을 때, 로마 정치가 마르쿠스 키케로가 그의 무덤을 찾기 시작했다. '덤불과 가시가 우거진 곳'에서 '관목 위로 작은 기념비'가 겨우 보였다. 키케로는 무덤 위에 새겨진 내용으로 아르키메데스의 무덤임을 겨우 알아챌 수 있었다. 아르키메데스의 부탁대로 비석에는 구와 원기둥이 조각되어 있었다. 그의 무덤은 사라진 지 오래지만 오늘날 그의 증명은 우리 머릿속에 깊이 새겨져 있다. 흙이나 피 혹은 로마의 어떤 석조물보다 더욱더 오래 남을 것이다.

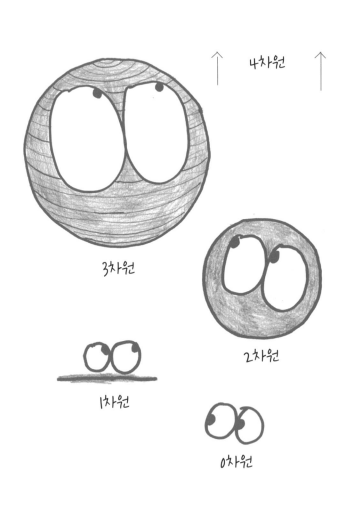

4차원

3차원

2차원

1차원

0차원

영원 XXV.
각 차원은 다음 차원을 궁금해한다

보이지 않는 구로부터

미적분학이 4차원을 방문하다

소설 《플랫랜드》에서 펼쳐지는 세상은 책 제목에 걸맞다. 1884년에 출간된 이 중편 소설 속 상황 설정은 팬케이크나 종이, 심지어 마이클 베이 감독의 영화에 나오는 여성 캐릭터보다도 평면적이다. 2차원 우주가 배경이기 때문에 길이와 너비는 있지만 깊이는 없다. 그곳의 거주민인 삼각형과 사각형, 오각형은 그 이상의 차원은 인지하지 못한다. 마치 캔자스나 텍사스 사람들이 자신의 지역 너머를 상상하지 못하는 것처럼 말이다.

좋아, 나 들어간다.

그러던 어느 날, 굉장히 이상한 방문객이 그들을 찾아왔다.

어디서 불쑥 갑자기 나타난 그 구는 처음엔 작은 점처럼 보였다. 그런데 그 구가 플랫랜드를 관통하는 순간 책 속 화자인 '사각형'A Square은 점점 커지는 원을 목격한다.

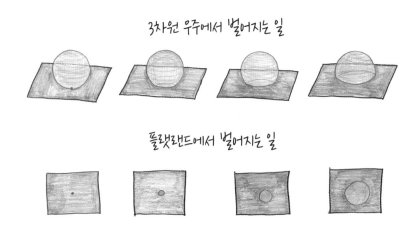

정말 기이한 일이다. 방문을 열고 들어온 누군가의 키가 120센티미터에서 180센티미터로 커진다고 상상해 보자.(중학교 3학년 아이들을 가르치는 내 기분을 알게 되지 않을까?) 사각형은 도대체 무슨 일이냐고 물었지만 수수께끼 같은 답변만 돌아왔다.

당신은 저를 원이라고 부르겠죠. 그러나 실제로 저는 원이 아니에요. 수많은 원이 겹겹이 쌓여 있을 뿐이죠. 그 크기는 작은 점부터 지름이 13인치에 달하는 것까지 무척 다양하고 각각 차곡차곡 놓여 있어요. 지금 제가 하는 것처럼 당신이 사는 평면을 관통할 때는 당신이 원이라고 말하는 단면이 드러나는 거예요.

이런 알쏭달쏭한 이야기로 구는 자신을 상상하는 방법을 알려 줬다. 수많은 원을 겹친 것이고 각 원은 반지름이 모두 다르며 무한히 얇다. 구를 이해하려면 이 작은 원들을 하나로 통합해 합칠 수 있어야 한다.

다시 말해 구는 원들을 적분한 것이다.

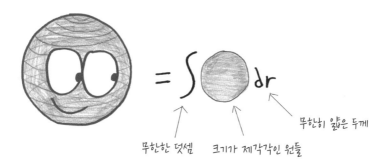

무한히 얇은 두께

무한한 덧셈   크기가 제각각인 원들

만약 여러분이 미적분학의 기초를 배웠다면 이미 이러한 개념을 두루 익혔을 것이다. 이는 궁극적 주제이며 머리가 빙빙 돌 정도로 고형성 개념을 파고드는 수학 교과 과정이다.

(경고: 너무 '빙빙 돌다 보면' 멀미할 수도 있다.)

자, 여러분은 2차원의 어떤 영역을 선택했다. 그다음 여러분은 그 영역을 축을 중심으로 회전시킨다. 이제 그 영역이 만드는 공간은 3차원 물체, 즉 다시 말해 '회전체'가 된다.

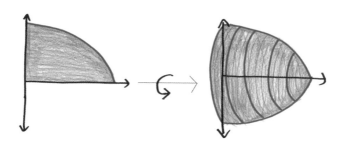

도자기를 만드는 사람이 돌림판을 돌리듯 돌리면 2차원 영역은 3차원 물체가 되며 플랫랜드는 스페이스랜드Spaceland가 된다. 만약 회전체의 부피를 알고 싶다면 그 방법은 간단하다. 회전체를 무수히 많은 원으로 나누고 각 원을 적분하면 된다.

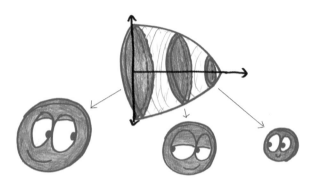

플랫랜드에 침입한 구의 부피를 계산하려면 우선 적절한 2차원 영역을 선택해야 한다. 그렇다면 지름이 13인치인 구는 어떤 모양을 통닭 굽듯 돌려야 만들어질까?

머릿속 3D 프린터를 작동해 보자. 여러분이 곧 반원이 정답이란 걸 알아낼 거라 확신한다.

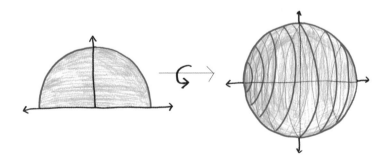

반원에 관한 흥미로운 사실 하나. 반원은 무수히 많은 반지름으로 이루어져 있다. 반지름에 관한 흥미로운 사실 또 하나. 각각의 반지름은 직각 삼각형의 빗변을 이룬다. 이 말의 의미는 반원 둘레 위에 있는 모든 점의 좌표가 피타고라스의 정리를 충족한다는 사실이다.

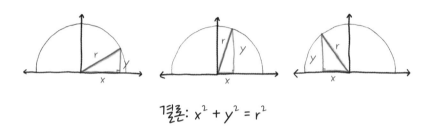

$$결론: x^2 + y^2 = r^2$$

약간의 대수 계산을 거치면(계산 과정은 편의상 생략했다.) 다음과 같이 적절한 적분에 이른다. 이는 무한히 얇은 원을 모두 합치는 과정으로 반지름은 0에서 시작해 최대치인 6.5에 달했다가 0으로 되돌아온다. 마치 구가 플랫랜드를 통과할 때의 모습과 같다.

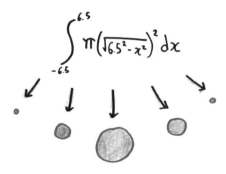

$$\int_{-6.5}^{6.5} \pi\left(\sqrt{6.5^2 - x^2}\right)^2 dx$$

복잡한 계산 과정은 여러분에게 맡기고 여기에 바로 결과만 써 보면 구의 부피는 $\frac{4}{3}\pi 6.5^3$ 또는 대략 1150^3인치다.

앞 장에서도 우리는 구의 부피를 계산했다. 여러분은 공통점을 발견했을 것이다. 모두 무수히 많은 절단면을 고려한다. 보기에 그럴듯한 그림을 그려 낸다. 그러나 맛이 서로 약간 다르다. 그렇지 않은가? 나는 아르키메데스의 방식이 더 좋다. 계산 과정이 절묘하고 매끄러워 딱딱 맞아떨어지기 때문이다. 장인 정신과 독창성, 심지어 예술성까지 갖춘 천재의 작품이다.

이번 장에서 소개한 '회전체' 기법은 내 취향이 아니다. 회전과 무한한 절단면이라는 아름다운 출발과 달리 재미없는 대수 계산으로 끝났다. 전망 좋은 산꼭대기에서 하이킹을 시작했는데 공항 터미널로 들어서는 기분이다. 우아할 수 있었던 퍼즐이 기계적인 계산이 되었다.

그게 바로 핵심이다.

우리는 모두 아르키메데스가 될 수 없다. 사실 통계적으로 따져도 그는 수천 수억 명 가운데 하나다. 우주의 계시에만 의존해 문제를 풀어야 한다면 영겁을 기다려야 할지도 모른다. 문제를 풀어내기 위해서는 수수께끼를 기계적인 계산으로, 유동적인 것을 고정된 것으로, 형언할 수 없는 것을 형언할 수 있는 것으로 바꾸어야 한다.

회전체가 바로 그 예다. 회전체 기법 덕분에 우리는 아르키메데스나 갈 수 있었던 땅을 모두가 함께 밟을 수 있었다. 여기에 바로 난해한 퍼즐에 체계적인 접근법을 제시하는 미적분학의 핵심이 있다. 우리 모두 아르키메데스가 된다. 정육면체부터 원뿔, 피라미드는 물론 미키마우스 인형에 이르기까지 수많은 모양이 단면으로 절단되어 회전체로 이해 가능하다.

용감무쌍하지만 낯선 방문객에게 압도되기도 한 플랫랜드의 사각형에게 이 모든 것은 어떻게 보였을까? 기억하라, 이 장 서두에 밝혔듯 그는 3차원을 보기는커녕 상상조차 할 수 없다. 플랫랜드의 생활을 설명하는 그의 이야

기를 살펴보자.

어느 공간에 놓여 있는 여러분의 탁자에 동전 하나를 올려 보자.
몸을 구부려 동전을 내려다보자. 원이 보일 것이다.
자, 이제 탁자 모서리 부근으로 와서 눈높이를 점점 낮추면(플랫랜
드 거주민과 동일한 상황이 될수록) 동전이 점점 타원형으로 보인다.
그러다가 눈높이가 정확히 탁자 모서리와 일치하면, 즉 플랫랜드 거
주민과 똑같은 상황이 되면 동전은 이제 직선이 된다.

인간은 3차원 생명체로서 2차원의 시계視界를 지니고 있다. 우리는 그림이
나 영화의 한 장면처럼 세상을 본다. 플랫랜드 속 2차원 생명체들은 1차원

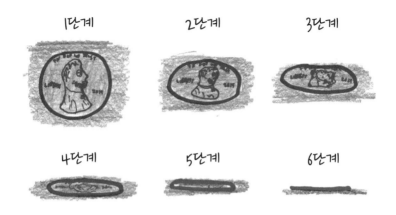

의 시계를 지닌다. 그들은 위도 아래도 없이 세상을 먼 지평선처럼 본다.

그렇다면 여러분은 이제 그들에게 3차원을 어떻게 설명할 것인가? 교과서에서 본 구의 정의는 아무런 의미가 없다.

사각형: 선생님께서 말씀하시는 세 번째 차원은 도대체 어느 방향입니까?

방문객: 제가 세 번째 차원에서 왔어요. 그 방향은 위나 아래를 뜻해요.

사각형: 북쪽이나 남쪽을 말씀하시는 건가요?

방문객: 아니에요. 당신이 볼 수 없는 방향이에요……. 그러니까 세 번째 차원을 보려면 주변이 아니라 밖을 봐야 해요. 저는 밖이라고 표현하지만 당신의 세계에서는 안이라고 말할 수도 있겠네요.

사각형: 안이라! 내면의 눈이라! 선생님께서는 농담도 잘하십니다.

서로 말이 통하지 않고 느낌이 별로일 때도 아직 남아 있는 게 하나 있다.

물론 커피나 한잔하자는 이야기는 아니다. 바로 미적분이다. 비록 사각형이 방문객의 모양을 가늠할 수 없더라도 그는 방문객의 부피를 계산할 수 있다. 적분 계산은 시각화가 필요하지 않다. 단지 기술적으로 계산에 능숙하기만 하면 된다.

의심스럽다면 직접 해 보길 바란다.

대학교 친구 중 한 명이 나에게 《플랫랜드》를 소개했었다. 그러면서 "실제로 4차원을 볼 수 있게 될 거야."라는 말을 덧붙였다. 책의 말미에 사각형은 구에게 3차원이 아닌 4차원을 보여 달라고 부탁한다.

> 플랫랜드의 모든 형태를 뛰어넘는 선생님께서 수많은 원을 쌓아 하나가 되셨듯, 어쩌면 더 초월적인 존재가 계시고 또 그분은 수많은 구를 쌓아 하나의 형태가 되실 수도 있겠지요? 이제 저희가 스페이스랜드에서 플랫랜드를 내려다보며 그 속을 간파하듯이 더 높고 순수한 차원이 있을 수 있겠지요……?

구는 그 질문에는 답하지 않고 말했다. "흠! 이봐요! 시시한 소리 하지 말아요!"

나는 구가 어떤 마음일지 짐작이 간다. 만약 4차원이 존재한다면 3차원 현실은 4차원을 무한히 얇게 자른 단면일 것이다. 4차원의 존재는 어디선가 갑자기 나타나 방의 한가운데에서 크기를 마구 바꿀 것이다. 우리는 단면만 볼 수 있기 때문이다. 즉 4차원의 존재 자체가 아닌 무한히 얇은 어떤 한 층의 단면만 볼 수 있다.

나는 4차원을 말로는 표현할 수 있지만 그림으로는 그리지 못한다.

때로는 천재도 갈 수 없는 곳에 미적분학이 먼저 도착할 수 있다. 예를 들어 4차원 구의 부피를 계산하고 싶다면 수많은 3차원 구를 적분하면 된다.

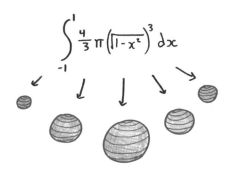

$$\int_{-1}^{1} \frac{4}{3}\pi \left(\sqrt{1-x^2} \right)^3 dx$$

실제로 계산을 해 보았다. 복잡한 수식이 한 페이지를 꽉 채웠고 친절한 누리꾼들이 트윗으로 많은 조언을 해 주었다. 마침내 답을 얻었다.

나는 수학자 스티븐 스트로가츠가 자신의 학창 시절을 회상한 이야기를 되새겨 읽었다.

나는 열심히 공부하는 학생이었다. 혹독하게 매달리는 스타일이었다. 문제 푸는 방법을 기어코 찾아냈다. 만약 복잡한 수식을 계산하는 지루한 과정을 거쳐야 하더라도 괘념치 않았다. 왜냐하면 정직한 노력 뒤에 정답이 보장되었기 때문이다. 사실 난 수학의 그런 면을 좋아했다. 수학은 공평했다. 만약 어떤 문제를 실수 없이 열심히 풀어 나간다면 그 과정이 악전고투일지라도 결국에는 여러분이 이기게 되어 있다. 정답이 그 보상이 될 것이다.

복잡한 수식의 희미한 단서가 분명한 정답으로 이어지는 과정은 그 자체로 큰 기쁨이었다.

그러한 기쁨은 미적분학이 우리에게 주는 선물이다. 미적분학은 고된 일 속에 감춰진 공평함과 믿음을 밝히고 오랜 고생 끝에 낙이 온다는 우리의 신념을 굳건히 한다. 우리는 마침내 4차원 구의 부피를 구했고 그 값은 $\frac{\pi^2}{2}$이었다.

단위는 네제곱미터, 즉 미터의 네제곱이다. 그게 무엇을 의미하는지는 모르겠다. 아마 아르키메데스도 몰랐을 것이다. 그 사실이 위안이 된다.

영원 XXVI.

데이비드 월리스가 끝없는 농담을 하다

제26장

추상주의에 뛰어난 바클라바

미적분학이 미주가 되다

이 번 장은 1996년에 출간된 책에 담긴 두 페이지짜리 미주에 관한 이야기다. 난해하게 들릴지 모르겠지만 걱정하지 않아도 된다.(사실 난해하긴 하다.) 문제의 미주는 사막 같은 미적분학 입문서부터 기괴한 온실 같은 실험적인 소설까지, 건조한 데다 가시까지 잔뜩 돋친 선인장 같은 주제들로 가득 채워져 있다. 이 미주가 담긴 책은 데이비드 월리스의 《끝없는 농담》Infinite Jest으로 '걸작', '으스스하며 소수만 즐길 수 있는 책', '지난 30년을 다룬 중앙아메리카의 소설', '방대하고 백과사전 같은 개요서'라는 평가를 받고 있다.

내 질문은 다음과 같다. 작가는 왜 이런 식으로 소설을 썼을까? 왜 적분의 평균값 정리에 두 페이지나 할애했을까?

• 건과류와 달콤한 시럽을 넣어 만든 터키 전통 파이—옮긴이

그에게 평균값 정리는 어떤 의미일까?

이름은 거창하지만 평균값 정리는 사실 꽤 간단하다. 자, 상상해 보자. 어떤 값이 시간에 따라 변하고 있다. 올라갔다가 내려갔다가 또 내려갔다가 다시 올라간다. 이때 평균값 정리에 따르면 이러한 오르내림 속에 마법의 순간이 있다. 즉 전체의 평균값에 해당하는 순간이 존재한다는 것이다.

자동차 여행을 예로 들어 보자. 네 시간 동안 200마일을 운전했고, 그 와중에 속력이 계속 바뀌었다면 평균 속력은 시간당 50마일이다.

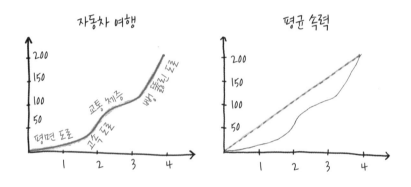

평균값 정리에 따르면 자동차 여행 중에 정확히 시간당 50마일의 속력으로 달린 순간이 분명히 존재한다.

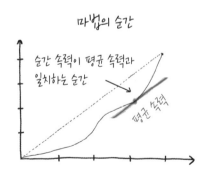

단순한 논리다. 여러분은 네 시간 내내 시간당 50마일 이상의 속력으로 달렸을까? 대답은 "아니요."다. 만약 그랬다면 200마일 하고도 더 많은 거리를 갔을 테니까. 그렇다면 반대로 네 시간 내내 시간당 50마일 이하의 속력으로 달렸을까? 이번에도 "아니요."다. 그랬다면 200마일도 가지 못했을 것이다. 그렇다면 시간당 50마일 이하로 달리다가 순간적으로 시간당 50마일 이상의 속력으로 점프했을까? F1 스포츠카를 몰더라도 불가능한 일이다. 그러므로 우리가 내릴 수 있는 결론은 자동차를 몰며 속력이 시간당 50마일인 순간을 반드시 지나쳤다는 사실이다.

또 다른 예를 보자. 온종일 기온이 변한다고 치자. 기온은 올라간다. 그리고 내려갔다가 다시 올라온다. 여러분은 주변 사람과 날씨에 관한 어색한 잡담을 나누곤 하는데 '날씨 이야기'는 곧잘 영혼 없는 대화가 되기도 한다.

자, 이제 우리는 어떻게 평균 기온을 구할 수 있을까?

어떤 수의 평균을 구하기 위해서는 모든 수를 더한 뒤 데이터 집합의 크기로 나눈다. 즉 여러분이 지난 시험에서 70점, 81점, 89점을 맞았다면 평균 점수는 총점 240점을 과목 수인 3으로 나눈 80점이다. 그런데 하루는 무한한 수의 온도로 이루어져 있다. 그러므로 모든 수를 더하려면 적분을 해야 한다.

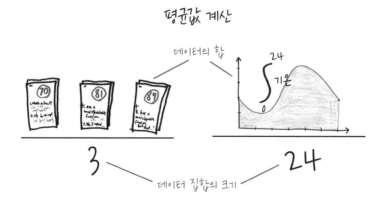

아래 그래프를 살펴보자. 적분 값은 왼쪽의 최댓값보다 작으며 오른쪽의 최솟값보다 크다. 마치 평균 기온이 최고 기온보다 낮고 최저 기온보다 높은 것과 같은 이치다.

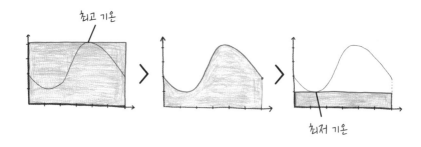

여기서 평균값 정리는 어떤 의미일까? 간단하다. 하루 중 어느 순간의 순간 기온이 평균 기온과 같다는 것이다.

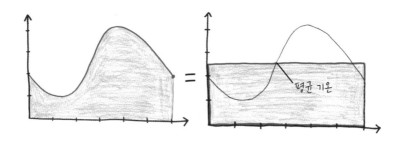

평균값 정리에 대해서는 이쯤 하기로 하자. 이제 관심을 데이비드 월리스에게 돌려 그가 평균값 정리로 무엇을 하려 했는지를 살펴보자. 우리는《끝없는 농담》 322쪽에서 '복잡한 아이들 게임'을 볼 수 있다. 그 게임의 이름은 '종말'이다. 게임을 하려면 '연습용으로도 쓸 수 없는 닳고 벗겨진 테니스공 400개'가 필요한데 여기서 테니스공은 각각 핵탄두를 상징한다. 각국 정상을 상징하는 게임 참가자들은 여러 팀으로 나뉘며 각각 핵탄두를 적정량씩 할당받는데, 이때 할당량은 적분의 평균값 정리로 계산된다.

자, 문제의 그 미주는 우리를 1023쪽으로 인도한다. 여기서 각국의 핵 저장량을 정할 때 필요한 수치는 $\frac{\text{GNP} \times \text{핵무기에 쏟는 비용}}{\text{군비2}}$ 이다. 이 값이 클수록 핵 화력이 세다. 그러나 핵탄두를 나눌 때는 이 값의 현재 값이 아닌 지난 몇 년간의 **이동 평균값**을 사용하는데, 월리스 말에 따르면 이때 평균값 정리가 필요하다. 만약 여러분이 지금 내 말을 이해하지 못했더라도 걱정할 필요는 없다. 월리스가 무슨 말을 하는지 이해할 수 있는 사람은 아무도 없을 테니까.

평균값 정리는 '존재 정리'라고 불리기도 한다. 그 정리에 따르면 기온은 반드시 어느 순간에 평균 기온과 일치하는 순간이 있다. 그러나 언제, 어디서, 그 순간이 발생할지는 예측할 수 없다. 즉 건초 더미에 바늘이 분명히 떨어졌다고 말만 해 줄 따름이다. 나는 《끝없는 농담》의 미주를 여러 번 읽고

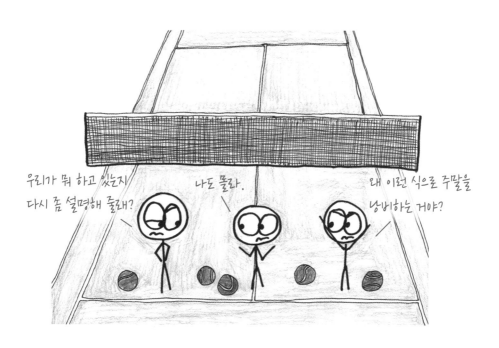

나서 작가가 계산상 필요로 평균값 정리를 들먹이긴 했지만, 평균값 정리를 잘못 적용했다고 확신하게 되었다.(왜 핵무기에 쏟는 비용 때문에 여러 나라를 징계해야 한단 말인가?) 더군다나 평균을 구하기 위해선 최솟값과 최댓값만 있으면 된다는 등 이해하기 어려운 내용도 있었다. 그 페이지의 문단 전체가 주드 와니스키(감세와 규제 철폐 등을 주장한 공급 경제학의 창시자—편집자)급 으로 쓸데없는 말의 향연이었다.

궁금증만 증폭했다. 작가는 왜 이렇게 썼을까?

그는 자신은 삶을 이야기할 때 수학을 빼놓을 수 없었다며 다음과 같이 말했다. "어렸을 때는 제논의 이분법 같은 걸 생각해 내기도 했다. 말 그대 로 머리가 아플 때까지 숙고하곤 했다." 심지어 그의 테니스 재능은 수학으 로 이어졌는데 이에 대해 그는 이렇게 표현했다. "나는 운동 신동이었다. 허 세와 열정으로 똘똘 뭉친 마법 소년으로 스핀을 화려하게 먹은 문볼(테니스 경기에서 상대방 코트에 깊숙이 들어가도록 높게 친 타구를 말한다.—옮긴이)을 잘 받아쳤다." 또한 월리스는 자신의 고향인 일리노이주 어배너를 거대한 데카 르트 좌표 평면으로 기억했다.

> 내가 자란 곳은 벡터와 수평선, 수직선, 좌표로 이루어져 있었다. 지 평선을 기준으로 지리적 힘이 거대한 곡선 모양으로 펼쳐졌다. 나는 하늘과 땅의 경계에서 나타나는 이 거대한 곡선들 아래편 영역을 눈대중할 수 있었다. 아직 적분이나 변화율 등을 제대로 배우기 전 이었는데도 말이다. 미적분학은 말 그대로 어린아이들 장난에 불과 했다.

그러나 애머스트 대학교 학부생으로서 그는 첫 번째 수학 과목의 허들을 넘지 못했다. "나는 기초 미적분학 수업에서 거의 낙제했고 그 후로 보통의 고등 수학 교과 과정을 몹시 싫어하게 되었다."라고 말하며 다음과 같이 자세히 설명했다.

> 대학교 수학 수업의 문제는 대개 추상적인 개념을 반복적으로 삼켰다가 토하는 데 있다. (……) 표면적인 어려움 때문에 학생들은 스스로 '아는' 내용이라고는 추상적인 식과 추상적인 법칙을 전개해 나가는 것뿐인데도 뭔가를 깨달았다고 착각한다. 수학 수업은 학생들에게 어떤 식이 왜 중요한가를 설명하지 않는다. 그 식이 어디서 왔으며 어느 부분이 핵심인지도 알려 주지 않는다.

나는 비슷한 경험이 있는 좌절한 학생들을 만나 봤다. 좌절감은 구체적인 예시를 찾도록 학생들을 부추겼다. 그러나 월리스는 반대로 가장 어렵고 추상적인 방향으로 뛰어갔다. 그러고는 말을 쏟아 냈다. "수학이나 형이상학에서 보통 사람들의 가장 기괴한 사고방식을 만날 수 있다. 그것은 바로 상상할 수 없는 것을 상상하는 능력이다." 수학자 조던 엘렌버그는 그를 다음과 같이 관찰했다. "월리스는 전문적이고 분석적인 것과 사랑에 빠졌다."

작가가 된 후에 월리스는 수학으로 돌아왔다. 어느 인터뷰에서 그는 《끝없는 농담》의 구조를 악명 높은 프랙털인 시어핀스키 삼각형Sierpinski gasket에서 따왔다고 밝혔다.

'월리스와 수학 사이의 연애'는 그의 책 《모든 것 그 이상》Everything and More에서 절정에 이른다. 이 책은 월리스가 가장 좋아하는 근대 수학 분야인 칸토어의 무한 이론을 다룬다.

《끝없는 농담》이란 제목에서도 알 수 있듯이 그는 무한을 흠모한다.

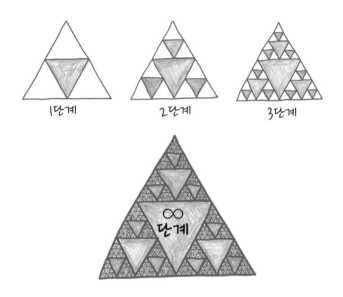

그것은 현실 경험에서 동떨어져 궁극적이다. 현실 세계에서 가장 보편적이고 강압적인 특징을 꼽아 보자. 모든 것은 끝나고 제한되고 사라진다는 사실이다. 그러나 이런 특징에 해당하지 않는 추상적인 무언가가 있다.

나는 《모든 것 그 이상》에 이어 유지니아 쳉의 《무한을 넘어서》를 읽었다. 비교를 위해 두 권을 나란히 소개해 본다. 쳉은 수학자로서 산뜻하면서 너무 기술적이지 않은 대중 과학서를 썼다. 친절한 비유로 가득한 책이다. 그러나 소설가인 월리스는 무시무시한 수식으로 뒤덮인 가시밭길을 파헤쳤다. 시대에 역행하는 기분이 들었다. 철학자 데이비드 파피노는 〈뉴욕 타임스〉에 다음과 같은 서평을 남겼다. "월리스가 도대체 누구를 독자로 예상하며 글을 썼는지 궁금하다. 너무 자세한 디테일은 감추고 자신의 지식을 덜어 냈더라면 더 많은 독자에게 다가설 수 있었을 것이다."

월리스에 대한 비판은 이와 같았다. 그는 결코 자신이 아는 걸 추려 말할 사람이 아니다.

내 생각에 그는 수학에 매료된 것 같다. 아마도 다른 사람들을 나가떨어지게 하는 수학의 성질 때문에 그런 것 같은데, 어쩌면 그토록 많은 사람이 포기했기 때문일지도 모르겠다.

파피노는 이어 적었다. "현대 수학은 피라미드와 같다. 수학의 방대한 기본 지식은 꼭 재밌지는 않다. 그러나 곱씹을수록 맛이 난다."

예를 들어 평균값 정리의 사촌 형인 중간값 정리를 살펴보자. 내가 가르치는 학생들은 그 정리가 쓸데없는 수학적 장황함으로 겉치장했다고 생각한다. 중간값 정리를 쉬운 말로 설명해 보자. 만약 여러분이 어느 해에 키가 5피트(약 152센티미터)였고 이듬해에 5피트 3인치(약 160센티미터)가 되었다. 그렇다면 언젠가 여러분이 5피트 1인치(154센티미터)였던 때가 반드시 있었을 것이다.

이 이야기에 놀랄 만한 사실이라곤 전혀 없다.

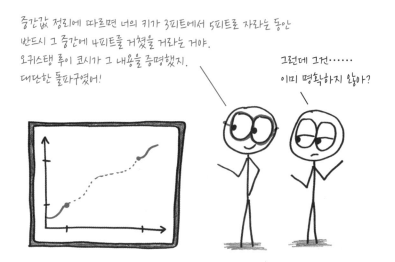

교과서에 적힌 대로 옮기자면, 만약 x가 $a \leq x \leq b$인 영역에서 함수 f가 연속이고, $f(a) \leq k \leq f(b)$이거나 $f(b) \leq k \leq f(a)$이면 $a \leq c \leq b$이며 $f(c)=k$인 c가 반드시 존재한다.

너무도 자명한 개념을 설명하는데 왜 꼭 기호의 쓰나미에 휩쓸려야 할까?

월리스가 《모든 것 그 이상》에서 탐구한 19세기 당시는 무한에 대한 새로운 의문 때문에 수학자들이 당황하기 시작했다. 어느 수열의 합이 수렴하는가? 어느 수열의 합이 수렴하지 못하는가? 우리가 알고 있는 사실은 무엇이며 그 사실을 우리는 어떻게 아는가? 수학자 공동체는 고통스러운 노력 끝에 미적분학을 바닥부터 새로 쌓아 올리기 시작했다. 더는 기하학과 직관에 의존하지 않고 부등호와 정교한 수식 전개를 기반으로 했다. 이때부터 평균값 정리와 중간값 정리가 제 역할을 하기 시작했다. 만약 여러분이 미적분학의 모든 사실을 증명하고 싶다면 두 정리는 절대 빼놓아서는 안 된다.

그러나 이것만이 '진짜 수학'일까? 아르키메데스부터 유휘, 아녜시에 이르는 이전 세대는 엄격하고 분석적인 '정확한' 수학 앞에 무릎을 꿇었을까? 마치 단테의 지옥에서 고대의 이교도들이 예수의 탄생을 기다렸던 것처럼?

월리스가 찬양하는 수학은 뜻밖의 역사적인 이유로 1800년대에 태어난 수학을 가리킨다. 기하학이나 조합론보다는 그가 대학생일 때 전공한 분석철학에 가까운 종류의 것이다. 월리스는 이를 "추상주의에 뛰어난 바클라바"라고 불렀는데 달콤한 견과류의 맛은 포착했지만 당황스러운 의미의 모호함은 놓쳤다. 학생들은 의미의 불분명함 때문에 고도로 기술적인 수학을 불편해한다. 월리스가 펼쳐 놓은 수학은 오류가 가득하며 그 고유의 역할이란 독자에게 어렵게 설명하여 깊은 인상을 남기려는 것뿐이었다. 나도 대학생 때는 그런 식의 수학을 좋아했지만 그 후론 멀리하며 지금은 몹시 피곤함을 느낀다. 왜냐하면 수학자가 추구할 수 있는 건 그 독특한 미학 외에도 여러 가지가 있기 때문이다.

수학에는 엄격히 형식적인 것과 직관적인 것, 단순한 것과 심오한 것, 순간적인 것과 영원한 것 등 여러 가닥이 엮여 있다. 여러분이 좋아하는 가닥을 계속 좋아하자. 그러나 수학을 결코 태피스트리(다채로운 실로 그림을 짜 넣은 직물—옮긴이)로 오해해서는 안 된다.

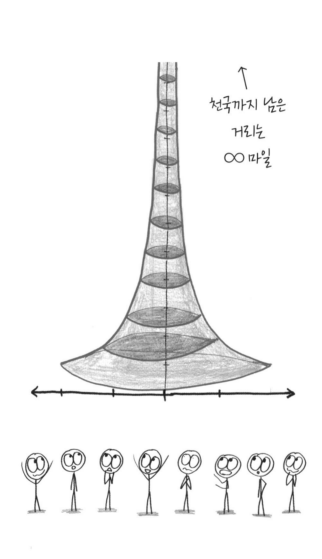

천국까지 남은
거리는
∞ 마일

영원 XXVII.
유한과 무한 사이의 비밀 악수

제27장

가브리엘, 너의 나팔을 불라

미적분학이 이단을 낳다

전 능한 신이 자신조차 들 수 없는 무거운 돌을 만들 수 있는지 묻는 오랜 수수께끼가 있다. 이 질문에는 신학적인 함정이 있다. 만들 수 없다고 대답하면 신의 창조 능력을 간과한 것이 되고 만들 수 있다고 대답하면 신의 힘을 얕본 것이 된다. 이런 경우를 '역설'이라고 한다. 논리가 스스로를 상처 입혔다. 외견상으로 정확한 가정이 외견상으로 정확한 논리를 따라 외견상으로 엉뚱한 결론에 이르렀다.

여러분이 신학 자체가 역설을 낳는다고 판단한다면 수학을 접할 때만이라도 잠시 참아 주길 바란다.

'가브리엘의 나팔'은 내가 좋아하는 미적분학의 역설로 대천사 가브리엘에서 그 이름을 따왔다. 하늘에서 메시지를 전하며 땅을 뒤흔드는 그의 나팔은 경이로우면서도 두렵고 유한하지만 무한하며 죽어 사라질 인생과 신성 사이에 다리를 놓는다. 즉 태생적으로 모순인 물건에 붙이기 좋은 이름이다.

나팔을 만들기 위해서 우선 $y=\frac{1}{x}$인 곡선을 그려 보자. x의 거리가 늘어날 수록 y의 높이는 줄어든다. x가 2일 때 y는 $\frac{1}{2}$이며, x가 5일 때 y는 $\frac{1}{5}$이다. 그렇게 x가 커질수록 y는 작아진다.

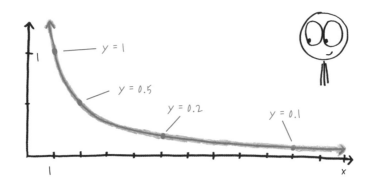

그런데 오래지 않아 x는 꽤 커지고 y는 꽤 작아진다. x가 100만이 되면(아마 길을 따라 10킬로미터쯤 걷다 보면 x가 그 정도 값이 되겠지만) y는 $\frac{1}{10^6}$이 되며, 이 값은 세포막 두께 정도일 것이다.

x가 10억이 되면(그 길이는 로스앤젤레스에서 모스크바까지의 거리만큼이다.)

y는 $\frac{1}{10^9}$이 된다. 내 계산에 의하면 이 정도 y값은 헬륨 원자 너비의 절반가량이다.

여기서 x는 우리가 '무한'이라 부르는 저 지평선 너머까지 계속된다.

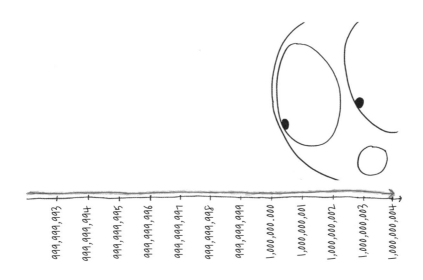

이제 이 곡선을 x축을 기준으로 회전시키는데 곧 3차원 회전체를 얻게 된다. 그리고 회전체, 즉 무한히 얇은 원판을 무수하게 많이 쌓아 만든 이 물체가 바로 가브리엘의 나팔이다.

여느 3차원 물체처럼 가브리엘의 나팔에서도 두 가지를 측정할 수 있다. 첫째, **부피**를 측정할 수 있다. 즉 나팔을 다 채우려면 물이 얼마만큼 필요한지 알아볼 수 있다. 둘째, **표면적**을 측정할 수 있다. 즉 얼마만큼의 포장지가 있어야 나팔을 꼼꼼히 둘러쌀 수 있는지 알아볼 수 있다.

먼저 부피를 따져 보자. 사실 현실 세계에서 무한한 길이의 물체는 유한한

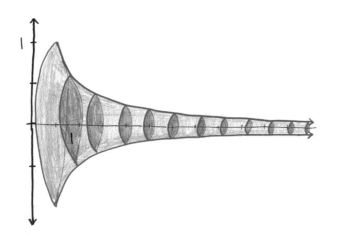

부피를 갖지 않는다. 우리가 가진 나팔의 반지름은 원자의 반지름보다도 작으며, 아무리 섬세한 제작 기술이 있다 하더라도 만들기 쉽지 않을 것이다. 그러나 수학은 현실 세계 너머에 존재하는 듯하다. 기본적인 방식으로 이 나팔의 부피를 구하기 위해 $\pi \int_{1}^{\infty} \frac{1}{x^2} dx$를 적분하면 그 값은 π다. 즉 가브리엘의 나팔 부피는 얼추 3.14³ 단위가 된다.

자, 다음으로 표면적을 따져 보자. 표면적을 구하는 적분은 약간 복잡하다. $2\pi\int_1^\infty \frac{1}{x}\sqrt{1+\frac{1}{x^4}}dx$ 다. 그런데 이 적분은 아주 깔끔한 적분인 $2\pi\int_1^\infty \frac{1}{x}dx$ 에 비해 아주 조금 클 뿐이다. 그런데 후자의 계산 결과는 어떤 특정한 값을 갖지 않는다……. 즉 수렴하지 않고 계속 커진다. 전자는 후자보다 아주 조금 크므로 결국 가브리엘의 나팔의 표면적은 무한하다.

우리는 모순의 갈림길에 섰다. 가브리엘의 나팔은 부피가 유한하다. 그러므로 페인트로 그 속을 채우고 싶다면 이는 얼마든지 가능하다. 반면 표면적은 무한하다. 따라서 페인트로 겉을 완벽하게 칠할 수는 없다.

그러나…… 페인트로 속을 채울 수만 있다면 표면 역시 전부 페인트칠을 할 수 있지 않을까?

어떻게 해야 두 가지 사실을 동시에 만족시킬까?

이 역설을 처음으로 탐구한 사람은 17세기 이탈리아 수학자 에반젤리스타 토리첼리였다. 그는 친구인 갈릴레이, 카발리에리와 함께 당시 최신 아이디어였던 무한소를 이용해 〈수학 난제를 관통하는 지름길〉The Royal Road through the Mathematical thicket이란 논문을 발표했다. 카발리에리는 다음과 같이 썼다.

"우리는 평면들이 천을 두껍게 쌓아 꿰맨 것과 똑같다고 생각했다. 즉 여러 페이지로 된 두꺼운 책 말이다." 이들은 무한급수라든가 무한히 얇은 물체 또는 (토리첼리의 트럼펫이라고 불리기도 하는) 가브리엘의 나팔 같은 것들을 다루었다.

　바로 미적분학의 태동이었다.

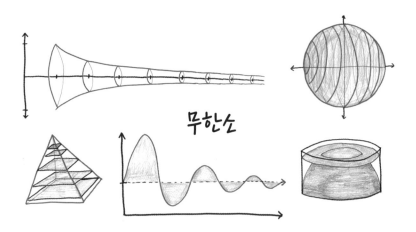

당시 예수회는 전 유럽에 걸쳐 대학을 설립하고 있었다. 이 대학들은 좋은 학교일 뿐만 아니라 가톨릭 학교였다. 예수회의 한 지도자는 이렇게 기록했다. "우리에겐 영혼을 낚는 낚싯바늘 중 하나가 바로 교육과 학문 활동이다." 그러한 교육 과정 가운데 수학은 중요한 역할을 했다. 예수회 회원이던 클라비우스는 "의심의 여지 없이 수학이 최선이다."라고 말하기도 했다.

그러나 모든 수학이 최선은 아니었다. 유클리드 기하학이어야만 했다. 유클리드 기하학은 완벽한 논리로 전개되며 자명한 가정부터 반박할 수 없는 결론에 이르기까지 역설이라곤 전혀 찾아볼 수 없었다. 클라비우스는 말을 이었다. "유클리드의 정리들은 진정한 순수성과 확신을 담고 있다." 예수회는 유클리드를 마치 교황의 권위를 지닌 사회적 모델로 바라봤다. 즉 유클리드 정리는 이의를 제기할 수 없는 공리였다.

예수회는 토리첼리의 탐구를 반기지 않았다. 역사가 아미르 알렉산더는 자신의 책《무한소》Infinitesimal에서 다음과 같이 말했다. "유클리드 기하학은 엄격하고 순수하고 견고한 사실이었던 반면, 당시 새로 등장한 수학은 모순과 역설로 가득하며 사실로 이끄는 만큼이나 오류로 인도하기도 했다." 예수

지명 수배

역설을 일으켜 머리를 복잡하게 함

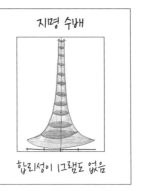

지명 수배

합리성이 1그램도 없음

회는 가브리엘의 나팔을 무정부주의자의 선전, 즉 질서에 대한 도전으로 받아들였다. 알렉산더는 이렇게 말을 이었다. "예수회의 수학은 흠 없는 통일을 위한 전체주의적인 꿈이자 논쟁의 여지가 없는 목적이었다." 당시 또 다른 예수회 회원이었던 이그나티우스 로욜라는 "만약 교회가 그렇게 정한다면 나는 흰색을 보고 있더라도 검은색이라고 믿겠다."라고 말했다.

결국 교황은 무한소를 금지했다. 토리첼리는 수학의 무법자가 되었고 가브리엘의 나팔은 불법이 되었다.

아이러니한 것은 이 역설을 해결하는 게 그리 어렵지 않았다는 점이다. 그렇다면 가브리엘의 나팔은 어떻게 해야 내부를 페인트로 다 채우면서도 외부 페인트칠을 마무리하지 못할까? 우리가 페인트를 바라보는 방식에 문제의 해결책이 있다.

수학자 로버트 게스너의 설명에 따르면 역설은 한 가지 가정 때문에 일어났다. 즉 '표면적'은 '필요한 페인트의 양'과 일치한다는 것이다. 그런데 페인트는 2차원이 아니다. 게스너는 이렇게 말했다. "우리가 방을 페인트칠할 때 페인트가 92제곱미터만큼 필요하다고 주문하지는 않는다." 페인트는 종이처럼 3차원 물체다. 즉 얇지만 두께가 있다.

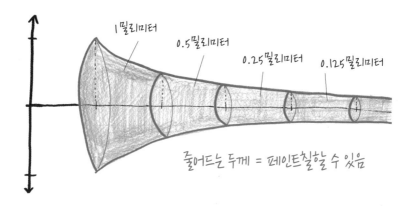

1밀리미터
0.5밀리미터
0.25밀리미터
0.125밀리미터

줄어드는 두께 = 페인트칠할 수 있음

자, 다음과 같이 생각해 보자. 페인트의 두께가 줄어들어 가브리엘의 나팔이 좁아질수록 페인트 두께도 더 얇아진다고 해 보자. 이러한 가정 아래서는 유한한 양의 페인트로도 나팔의 표면을 다 칠할 수 있다. 그러므로 역설이 해결된다.

자, 다른 방식으로도 생각해 보자. 페인트에 어떤 최소한의 두께가 있다고 가정해 보자.(사실 이게 더 현실적이다. 예를 들어 원자 두께의 $\frac{1}{1000}$인 두께라면 페인트칠이 불가능하다.) 그러므로 x축을 따라 나팔의 반지름이 원자보다 작은 크기로 줄어들 때, 페인트는 그만큼 얇아질 수 없다. 실제로 나팔보다 페인트가 수억 배 더 두꺼울 것이다. 그러므로 나팔의 표면을 페인트칠할 수 없다는 말이 맞다. 그러나 이제 페인트로 나팔의 부피를 채우는 것도 불가능해졌다.

이런 상황이라면 나팔의 외부를 페인트칠할 수도 없고 내부를 채울 수도 없다. 그러므로 다시 역설이 해결됐다.

1600년대의 예수회가 종교적으로 오류가 없었는지는 모르겠다. 그러나 그들은 확실히 수학적 실수는 범했다. 역설은 두려워하거나 뿌리 뽑아야 할 무언가가 아니다. 우리의 사고를 자극하고 우리를 깊은 사색으로 인도한다.

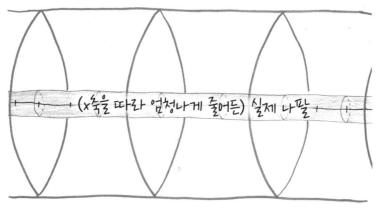

페인트 층

(x축을 따라 엄청나게 줄어든) 실제 나팔

최소 두께 = 페인트칠할 수 없거나 페인트로 채울 수 없음

경영학 교수 메리앤 루이스에 따르면 역설은 신학과 수학의 퀴퀴한 골방에서만 발생하는 게 아니라 기업에서도 모습을 드러낸다. '따로 혼자 있을 때는 논리적으로 보였던' 것들, 즉 단기 목표, 장기 비전, 전략적 우선순위 등도 "나란히 놓고 생각하면 비합리적이고 일관성이 없으며 심지어 터무니없기까지 하다. 역설은 창조적인 마찰에 직면한다. 역설을 이해하는 건 중요한 갈등에 대응하고 심지어 갈등을 뛰어넘는 열쇠 역할까지 한다." 역설은 나쁜 게 아닐뿐더러 이론의 탄생을 돕는 씨앗이 된다.

《괴델, 에셔, 바흐》의 저자 더글러스 호프스태터는 한 걸음 더 나아가 "어떻게서든 역설을 해결하고자 하는 노력은 단조로운 일관성을 지나치게 강조하며 별나고 기이한 특성에 귀 기울이지 않는다."라고 말했다. 역설은 그 자체로 즐거움이 있다. 물감을 사용하지 않은 네덜란드 화가 마우리츠 에스허르의 작품을 보자. 아니다. 이 경우에는 물감이 무한하다고 해야겠다.

The Wisdom of Calculus in a Madcap World

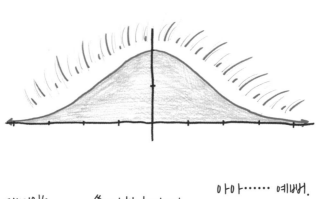

영원 XXVIII.
바보도 나이를 먹지만 아름다운 적분은 그렇지 않다

제28장

불가능의 장면

미적분학이 짜증과 동시에 열광을 일으키다

내가 불가능한 적분과 처음으로 조우한 것은 고등학교 1학년 학생이던 어느 봄날이었다. 고등학교 3학년 선배들이 학교 건물 로비로 몰려 들어가고 있었다. 그들은 손에 펜을 들고 대자보에 자기 이름을 쓰거나 물리 선생님의 말을 맥락 없이 적는 등 아무렇게나 끼적거렸다. 일종의 롤링 페이퍼 같았는데 이해할 수 없는 농담, 반만 이해할 수 있는 농담, 꼭 이해하고 싶은 농담으로 가득했다. 대자보를 찬찬히 보던 중 나는 복잡한 기호를 목격했다.

손가락으로 가리키며 물었다. "이게 뭐야?"

"그건 e를 $-x^2$으로 적분한 거야."라고 데이비드가 설명했다. 아무것도 설명하지 않은 거나 마찬가지였다.

"근데 그게 왜 농담이야?"

"그건 적분이 불가능하거든." 애비가 강조하듯 힘주어 대답했다.

"그럼…… 퀴즈 같은 건가? 아무도 풀 수 없는 문제 같은 거?"

데이비드와 애비가 씩 웃었다.

"아, 1학년 벤 중에서 3등 하겠네." 애비가 말했다.(그 말은 사실이었다. 벤 코팬스, 벤 밀러가 알파벳 순서대로 내 앞을 지나쳐 갔다.)

"어찌나 뇌가 순수한지."

"근데 네가 '퀴즈'라고 말한 건 '대학에서 보는' 그 퀴즈를 말한 거야? 그럼 맞아. 아무도 풀 수 없어." 바트가 말했다.

나는 다시 물었다. "그럼…… 0으로 나누기 같은 건가?"

"원과 면적이 동일한 정사각형을 그리는 것에 가깝지." 하고 데이비드가 대답했다.

"그건 결혼식 날 비가 오는 거나 마찬가지야. 아니면 나이프가 필요한데 숟가락을 1만 개 준다든가." 애비가 자세히 설명했다.

그의 말은 틀리지 않았다. 미적분학의 초창기 시절 불가능한 적분에 관해 수학자 요한 베르누이가 다음과 같이 언급했다. "이따금 어떤 양률의 적분이 계산 가능한지 확실히 말할 수 없을 때가 있다." 19세기 수학자 조제프 리우빌은 또 이렇게 말했다. "어떤 적분은 확실히 그 값을 계산할 수 없다." 예를 들어 $\int \sqrt[4]{1+x^2}\,dx$ 나 $\int \ln\,(\ln x)\,dx$ 또는 $\int \frac{1}{\arctan(x)}\,dx$ 를 보자. 이러한 적분은 분명한 답을 구할 수 없다. 다르게 표현하자면 "기초 함수로는 풀 수 없다." 모든 사인과 코사인, 로그 함수와 루트를 모아도 표준적인 계산 절차로는 식을 얻을 수 없다. 열쇠를 잃어버린 자물쇠이자 정답이 없는 수수께끼 또는 숟가락 1만 개를 들고 질긴 스테이크를 썰어야 하는 상황과 같다.

나는 적분을 쳐다보았다. S 자 모양 선이 무엇을 뜻하는지 알 수 없었다. 학기 초에 친구인 로즈가 "9개월 후면 미적분학을 배울 거야."라고 말한 적이 있었다. "그게 무슨 뜻인지 알지? 내 그래프 계산기를 훔치려는 놈들이 있을 거야." 그의 농담은 이해가 됐지만 대자보에 적힌 적분은 여전히 의문투성이였다.

자, 그로부터 8년이란 시간을 빨리 넘겨 보자.

첫 수업은 오클랜드 차이나타운 경계에 있는 자동차 대리점으로 나를 이끌었다. 교사가 된 지 3년째이던 어느 날, 미적분학 수업을 듣는 학생들에게 $\int e^{-x^2}\,dx$ 을 보여 주었다. 나는 미사여구를 쏟아 내며 적분이 불가능함을 설명했다.

"미리 말하면 어떡해요!" 아드리아나가 소리쳤다.

몇몇 학생들은 고개를 가로저었다.

베세이다는 따졌다. "그럼 곡선 아래에는 넓이가 없다는 뜻이에요?"

오! 좋은 질문이었다. 아무도 놀라지 않겠지만 내 설명은 엉성했고 불분명했다. e^{-x^2}의 그래프는 완벽하다는 게 밝혀졌다.

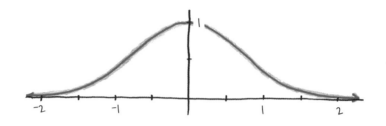

여러분이 0부터 1 사이의 넓이를 구한다면, 즉 0.9나 1.3 또는 −1.5나 0.5 사이 넓이를 찾는다면 실제로 정답이 있다.

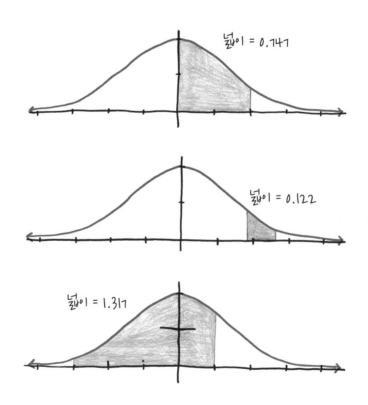

그렇다면 왜 적분이 불가능하다고 했을까? 그것은 그 넓이를 구하는 적절한 식이 없기 때문이다. 우리의 마법 지팡이, 즉 역도함수를 구해 적분을 계산하는 미적분학의 기본 정리조차 여기서는 쓸모없는 막대기에 불과하다.

"제 계산기로는 계산이 되는데요? 세상의 모든 수학자보다 제 계산기가 더 똑똑한가 보네요." 위항의 말에 나는 코웃음을 쳤다.

"글쎄, 그건 리만 합으로 적분의 근삿값을 구한 거야." 이런 함수는 근삿값을 구하는 게 최선이지만 내 음성에는 편견이 실려 있었다. 근삿값은 근사치일 뿐 실제 정답이 아니다. 1급이 아닌 대략적인 2급 값으로 중요하지 않았다.

"확실해요? 제 눈에는 계산기가 더 똑똑해 보이는데요." 위항은 계속 나를 들들 볶았다.

수업이 끝나고 나는 교실 뒷문으로 나갔다. 그렇게 구닥다리 중세 느낌이 풍기는 통계학 수업 교실로 향했다. 통계를 가르친 건 처음이었다. 실수도 하며 무척 고생했다. 나는 순수 수학, 증명, 추상화엔 능했지만 통계학에는 꽝이었다. 학생들에게 테니스공으로 볼링을 가르치는 기분이었다.

"미국 성인 남성의 경우, 평균 신장이 약 70인치(약 178센티미터)야. 표준편차는 3.5인치지. 그렇다면 키가 7피트(약 210센티미터)를 넘는 성인 남성은 전체 중 몇 퍼센트를 차지할까?

대개의 통계처럼 이 문제도 정규 분포를 따른다. 정규 분포는 측정 오차, 입자의 분산, IQ 분포, 강우량, 동전 뒤집기, 키의 분포 등을 묘사한다.

1단계: 7피트는 84인치다.

2단계: 84인치는 평균보다 14인치 더 크다.

3단계: 즉 평균보다 표준 편차에 4를 곱한 만큼 더 크다.

4단계: 아래에 있는 그래프를 보고, 표준 편차 4를 곱한 값이 몇 퍼센트에 해당하는지 알아보자. 음…… 그래프에는 표준 편차에 3.5를 곱한 값까지만 나와 있다. 이런.

5단계: 여러분께 심심한 사과를 표하며 나는 노트북을 가져와 엑셀 프로그램을 켠다. 더 자세히 나와 있을 것이다. 자, 답은 0.999968이다. 다시 말해, 미국 성인 남성 중에서 키가 7피트를 넘는 사람은 0.0032퍼센트에 해당한다. 대략 3만 분의 1이다.

나와 학생들은 수업 시간에 이 결과를 분석했다. 말하자면 샤킬 오닐 대 야오밍의 우열을 가렸다. 의도는 순수했다. 나는 '키'라는 주제로 위의 두 가지 소재를 다루었다.

우리가 사용하는 정규 분포는 다음과 같다.

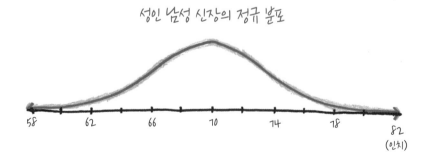

성인 남성 신장의 정규 분포

58   62   66   70   74   78   82
(인치)

이 그래프는 e^{-x^2}을 주무른 버전이다. 즉 중심값이 이동했고 그래프가 납작해졌다. 그러나 그 중심에는 같은 함수를 사용한다. 다시 말해 이 그래프는 적분할 수 없다. 그러나 우리는 이 그래프를 매일 적분한다.

불가능과 관계없이 통계에서 사용하는 모든 수치는 적분할 수 없는 것을 적분한 결과다. 예를 들어 5피트 11인치와 6피트 2인치 사이의 분포는 그래프의 면적에 해당한다.

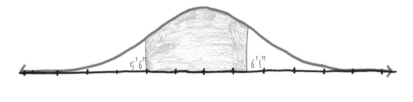

남성의 67.8퍼센트는 '일반인'에 해당한다.

남성의 27.3퍼센트는 '감당할 수 있을 만큼 크다.'

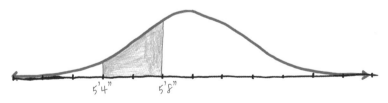

남성의 24.1퍼센트는 '나보다 약간 작기 때문에 친구로서 최상이다.'

자연은 역도함수에 연연하지 않는다. 교과서에 실린 표, 엑셀에 내장된

식, 위항의 가방 속 계산기는 쓸 만한 근삿값을 준다. 대개는 근삿값으로 문제를 해결할 수 있는데 아인슈타인은 다음과 같은 말을 남겼다. "신은 수학적 어려움에 개의치 않는다. 다만 실험에 근거해 적분한다."

나는 사인펜을 들고 칠판 옆에 서 있었다. 그때 우르르 쾅쾅 울려 퍼지는 천둥 같은 후회 속에서 번개 같은 깨달음을 얻었다. 나는 통계학과 미적분학 사이를 가로막은 문을 활짝 열고 싶었다. 내가 얼마나 바보 같았던가. 순수 수학 우월주의에 빠졌던 어리석음을 고백하고 싶었다. 그리고 소리치고 싶었다. "추상적인 식은 결코 구체적인 근삿값보다 우월하지 않다! 신은 실증적으로 적분한다. 진리가 우리를 자유롭게 한다!"

나를 입 다물게 한 것은 스스로 분별력을 의심하거나 화학 선생님인 프레밍의 수업을 방해한 것이 아니라 히죽히죽 웃던 위항의 모습이었다. 그가 마치 이렇게 말하는 듯했다. "제가 말했잖아요. 계산기가 수학자보다 더 낫다니까요." 나는 수학자들을 옹호할 수 없었다. 위항이 옳았다.

다시 시간을 빨리 넘겨 현재로 돌아오자.

나는 좋아하는 카페에 앉아 에스프레소를 홀짝이며 여러분이 지금 읽고 있는 책을 '구상'했다.(즉 쓰지 않았다.) 그때 카를 가우스의 이름을 딴 적분을 마주쳤다.

$$\int_{-\infty}^{\infty} e^{-x^2} dx = \sqrt{\pi}$$

이 수식을 보면 적분이 불가능한 함수가 적분을 허용한 것으로 보인다. 만약 여러분이 구하려는 면적이 수평선의 왼쪽 끝에서 오른쪽 끝에 해당한다면 답을 찾을 수 있다. 바로 $\sqrt{\pi}$ 다.

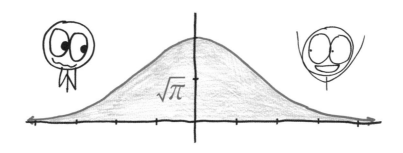

화려한 기호들(e, π, ∞)의 융합은 오일러의 항등식 $e^{\pi i}+1=0$을 떠오르게 했다. 이것은 나를 비롯한 수학인에게 깊은 흠모의 대상이다. 수학 전기 작가인 콘스턴스 리드는 "가장 유명한 식"이라 칭했고, SF 소설가 테드 창은 "마치 절대 진리를 접할 때처럼 경외감을 느끼게 하는 식"이라 했으며, 대중

수학자 키스 데블린은 "사랑의 정수를 포착한 셰익스피어의 시" 같다고 묘사했다.

나 또한 경탄할 따름이다. 그렇다면 가우스 적분에 관한 칭송은 어디 있을까? 내가 한번 끼적여 봤다.

나는 비틀스를 사랑하는 방식으로 오일러의 항등식을 사랑한다.
얄팍하게 아는 주제에 엄청나게 관심 있는 것처럼.
그러나 가우스 적분이라니! 동료들이여, 이 아름다움을 보라! 그것
은 e와 π를 담은 무디 블루스 Moody Blues 라네.

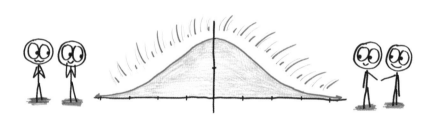

문제가 하나 있다. 나는 실제로 이 식이 왜 참인지 모른다. 나는 스스로 호기심 많은 학생이라고 정의하길 좋아한다. 공교롭게도 나와 함께 사는 수학자 아내는 내가 모르는 많은 것을 알고 있다. 그러나 (여기서 또 나의 역설이 드러나지만) 내 지식의 점은 하나의 선으로 서로 연결되지 않는다. 그래서 난 아내에게 뭔가를 알려 달라고 부탁할 수 없다.

아마도 그런 습관을 들이지 못한 것 같다. 어쩌면 지식의 비대칭은 부부 관계처럼 수평이 아닐 것이다. 아마도 나는 내가 생각하는 것보다, 아니면 고집스럽게 자랑하는 것보다 호기심이 적을지도 모른다. 또는 어쩌면 2003년

이후로 유머를 이해하기 위해 재빨리 움직이는 아이 대신 모든 걸 이해한 척 하는 어른이 되었는지도 모른다.

어쨌든 나는 물어봤다.

아내는 웃으며 크림치즈 쿠폰을 손에 쥐더니 그 뒤에 가우스 적분을 어떻게 구하는지 보여 주었다. 전체를 제곱하고 푸비니 정리를 적용하고 극좌표계로 변환하자 마침내 결과가 튀어나왔다. $\sqrt{\pi}$ 였다.

"그러니까 예외적인 경우만 빼고 적분이 불가능한 거네. 결국 숟가락 1만 개 중에 나이프가 있었어."

"음, 우리 크림치즈 사야 해?"

아내의 말을 듣자마자 나는 확인하기 위해 냉장고로 향했다. 순간은 영원으로 흩어졌다.

우리가 언제 크림치즈를 쌓아 놓고 먹은 적 있었나?

내레이터: 그들은 크림치즈를 쌓아 놓고 있었다.

감사의 말

부족한 생각의 조각들을 마법처럼 견고하고 놀라운 책으로 만들어 준

더 카밸리어리스에게 감사를 표한다.

이 책이 탄생하는 데 현대판 카밸리어리스 드림팀이 도움을 주었다. 베키 고의 편집, 베스티 헐스보시와 카라 손턴의 마케팅과 홍보, 폴 케플, 알렉스 브루스, 케이티 베네즈라의 디자인, 멜너니 골드, 엘리자베스 존슨의 꼼꼼한 눈, 레일린 트릿의 사진, 블랙 도그 앤드 레벤탈Black Dog & Leventhal 팀 전체의 지치지 않는 재능, 다도 데르비스카딕과 스티브 트로하의 든든한 지침이 없었다면 이 책은 존재할 수 없었다.

무지에서 나를 끌어낸 아녜시의 지도

이 책의 초고가 좌초했을 때 나를 잔해에서 끌어올리고 내게서 먼지를 털어내고 더 나은 계획을 세울 수 있도록 도운 건 데이비드 클럼프였다. 그에게 무한한 감사를 전한다. 또 값진 피드백을 준 동료들이 있다. 빅터 블라스조, 리처드 브리지스, 캐런 칼슨, 존 카원, 데이비드 릿, 더그 머고완, 짐 올린, 짐 프로프, 케시 월드먼 등이다. 책 속의 모든 오류는 전적으로 내 책임이다.

이 책에 영양분을 공급한 트웨인과 톨스토이의 이야기

나에게 자신의 이야기를 공유해 준 두 수학자, 팀 페닝스와 이나 저카레비치에 감사하다. 앤디 버노프, 케이 켈름, 조너선 루빈, 스테이시 미르에겐 고맙고 미안하다. 그들은 '적분 모임'Integration Bee이라는 흥미로운 행사에 관해 들려주었으나 나는 그 이야기를 이 책에 재밌게 실을 만큼 뛰어난 저자가 아니었다. 그러나 다른 곳에서는 적분 모임 이야기를 사람들과 충분히 나누겠다. 분명히 들어 볼 만한 스토리다.

주저함 없이 사랑한 가우스 적분

동료들과 학생들, 나를 가르친 선생님들과 친구들, 라이벌, 내 가족, 트위터 팔로워들과 브랜포드 대학 동문들과 블로그에 댓글을 달아 준 사람들, 자주 찾는 카페의 바리스타들 그리고 그 누구보다 아내 타린에게 깊은 감사를 전한다.

강의 노트

이 책을 구상하며 아이디어를 계속해서 떠올렸다. 만화를 그려 넣은 미적분학 수업이었다. 학생일 때는 물론이고 교사가 되어서도 고수해 온 방식으로 대단히 효과적이었다. 그러나 그림을 그려 넣을수록 점점 더 불편해졌다. 내가 원한 것은 조화로운 색깔과 기술을 사용한 꽃길이었으나 책은 점점 더 원색의 이케아 가구가 들어선 좁은 통로가 되었다. 결국 생각을 고쳐먹고 당초 계획을 바꿔 스토리에 집중하기 시작했다. 어떤 장은 입문자들을 위한 리만합과 고등 과정인 르베그 적분이 섞여 있다. 해석학의 탄생 같은 주제에서는 동일 인물이 반복해 등장하기도 한다. 테일러급수 같은 주제는 통째로 빠졌다. 나는 세련된 진주 목걸이를 만들려 했는데 책은 점점 더 변화무쌍한 만화경을 닮아 갔다.

분명한 사실은 이 책이 교과서가 아니라는 점이다. 그러나 여러분이 미적분학을 가르치거나 배우고 있다면 분명 친근한 말동무가 되어 줄 것이다. 이 책은 '표준적인' 교과 과정대로 주제를 신고 그에 상응하는 이야기를 담았으며 교육학적인 관점에 관한 단편적인 생각도 포함했다.

극한

- 제8장 바람이 남긴 것
- 제16장 circle 그리고 원, 집단, 서클

나는 천성적으로 소심한 중도주의자다. 콜드플레이의 음악을 듣고 라테를 마시고 항상 극한을 먼저 소개하며 미적분학을 가르쳤다. 그러나 이 책을 구상하며 급진적으로 변했다. 극한을 폄하하는 무리를 받아들인 것이다. 수학적 개념의 순서를 말하는 게 아니다. 학생들은 미분과 적분을 만나기 전에 전체적인 맥락에서 거리를 두고 추상적인 함수의 속성을 먼저 접해야 한다. 즉 앞으로 미적분학을 가르칠 때는 곧장 미분으로 뛰어든 다음 문맥상 수렴과 연속의 개념이 필요할 때 자연스럽게 알려 줄 생각이다. 역사가 진행된 순서대로 학생들을 교육하는 게 좋을 것 같다.(베르누이도 그렇게 배웠을 테니까.)

접선

- 제6장 셜록 홈스와 엉뚱한 방향을 가리키는 자전거

비록 교육적인 관점에서 극한과는 틀어졌지만 나는 여전히 수수께끼 푸는 걸 좋아한다. 그래서 이 책에 접선 문제를 실었다. 문제들은 '순간적인 움직임'에 관한 구체적인 개념을 알려 주고 미적분은 사용하지 않으면서 그와 관련한 흥미로운 내용을 전한다.

미분의 정의

- 제1장 손에 잡히지 않는 시간

미분을 어떻게 소개하는 게 최선인가에 관해 활발한 논쟁이 진행 중이다. 미분은 접선의 기울기인가? 최적의 국부 선형화 local linearization인가? 아니면 순간적인 변화율인가? 나는 순간적인 변화율이라는 관점을 택했지만 제5장에서 '국부 선형화'라는 아이디어를 소개하기도 했다.

미분 법칙

- 제10장 머리칼이 새파란 여성과 초월적인 소용돌이
- 제15장 칼큘무스!

제10장에서는 x^2과 x^3의 미분을, 제15장에서는 곱셈의 미분을 소개한다. 이때 무한소의 개념을 사용한다. 아, 나의 급진적인 성격이 다시 고개를 쳐든다. 무한소를 사용하며 dx를 '무한히 작은 x의 증가'라고 소개하는데, 이는 내가 부정했던 개념이지만 교육적인 목적을 위해 대가를 치르겠다.

내가 미적분학을 처음 배우던 당시, 구의 부피인 $\frac{4}{3}\pi r^3$을 반지름인 r로 미분한 결과가 구의 넓이인 $4\pi r^2$인 걸 발견하고 정신이 멍해졌다. 왜 이런 우연이 일어났을까? 사실 거기엔 논리가 있다. 반지름이 극소량이라도 증가하면 구의 부피는 표면적 넓이만큼 늘어난다. 순수하게 대수학적이라 생각했던 이 사실이 지금은 기하학적으로 느껴진다. dx를 의미 있는 양이라 생각한 덕분이다.

운동학

- 제2장 영원히 떨어지는 달
- 제3장 버터 바른 토스트를 먹으며 느낀 찰나의 행복
- 제9장 더스티 댄스

어떤 의미에서 $\frac{dx}{dt}$(=속도)는 표준이 되는 도함수다. 이로부터 다른 모든 도함수를 이해할 수 있다. 학생들이 도함수의 의미를 이해하지 못할 때마다 나는 속도로 비유해 다시 설명해 주고는 했는데 그러면 문제 대부분이 해결되었다.

브라운 운동에 관한 내용이 담긴 제9장이 좋은 예다. '미분 가능성'이라는 개념은 추상적이라서 이해가 어렵다. 대체 왜 미분이 가능한지 불가능한지를 따져야 하는가? 그러나 운동학의 맥락에서 '미분 불가능'은 단순히 속도를 정의할 수 없음을 의미한다. 그러므로 기괴한 운동의 의미를 잘 전달할 수 있다.

그런데 제3장에는 제임스 선생님이 추측한 것처럼 행복한 어느 한순간의 미분 값을 알면 인생 전체의 행복도를 유추할 수 있다고 지적한 내용이 있다. 이는 테일러급수를 전조로 하는데 한 점의 도함수를 알면 함수 전체를 표현할 수 있다.

선형 근사

- 제5장 미시시피강이 160만 킬로미터를 흐른다면

조던 엘렌버그를 비롯한 몇몇 작가는 '선형화'가 미적분학을 대표하는 말이라고 나를 설득하곤 한다. 사실 고백하건대 나는 마크 트웨인의 글을 엘렌버그의《틀리지 않는 법》에서 처음 봤다.

최적화

- 제4장 세계 공통어
- 제11장 도시의 경계에 선 공주
- 제12장 종이 클립이 일으킨 폐허
- 제14장 그 개는 알고 있다

최적화에 총 네 장이나 할애한 반면 관계 비related rates는 짧게 소개한 사실을 여러분은 이미 인지했을 것이다. 그와 관련하여 '관계 비' 팬들에게 사과를 표한다. 그 내용을 설명할 이야기를 찾지 못했다. 그러나 최적화를 강조한 데 대해서는 용서를 구할 뜻이 없다.

롤의 정리와 평균값 정리
- 제13장 곡선의 최후 승리
- 제26장 추상주의에 뛰어난 바클라바

비록 롤의 정리라는 유명한 이론을 여러 번 들먹였지만 제13장은 최적화에 관한 이야기가 대부분이다. 제26장에서는 평균값 정리를 미분과 적분으로 차례차례 소개했다. 또한 중간값 정리를 선보이기도 했다. 이렇게 내용을 뒤죽박죽 섞어 놓으면 전통적인 순서에 따라 학생들을 가르치려는 교사들이 힘들 수도 있지만 사실 내 주장은 이렇다. 전통적인 순서란 여러 가지 방식 중 한 가지 접근법에 불과하다.

다음번에 미적분학을 가르칠 때는 어떤 접근 방식을 따를지 모르겠다. 하지만 현재 계획으로는 평균값 정리와 중간값 정리는 입실론 델타 방식에 따라 수렴에 관해 깊은 의문을 가진 다음 가르칠 것이다.

미분 방정식
- 제7장 근거 없는 유행학 개론

제7장은 (1) 기하급수적 증가, (2) 변곡점, (3) 미분 방정식 등 주목해 볼 몇 가지 주제를 다룬다. 사실 이런 주제는 하나씩 다루는 데도 몇 개월이나 걸리기 때문에 이번 장이 급하게 느껴졌을 수도 있다. 음, '야생의' 수학은 국경을 가리지 않는다는 사실을 증명했다.

적분의 정의
- 제16장 circle 그리고 원, 집단, 서클

- 제17장 《전쟁과 평화》와 적분
- 제23장 고통을 반드시 느껴야 한다면

미분과 비교하면 적분은 좀 더 모호하고 난해하다. '곡선 아래 면적'이라는 설명은 함축적이고 '순간적인 변화율'에 비해 믿음직스럽지 않다.

따라서 제16장에서는 기본을 다지고 제17장과 제23장에서 다소 모호한 비유를 들었다. 학생들이 당장 숙제를 하기에는 설명이 부족했지만 개념을 이해하는 데는 도움이 됐으리라 생각한다. 적분의 기하학적 속성(예를 들어 $\int_a^b f(x)\,dx + \int_b^c g(x)\,dx = \int_a^c f(x)\,dx$)을 충분히 파악했을 것이다.

리만 합
- 제18장 리만시市 스카이라인

교사로서 나는 리만 합을 이해하는 최선의 방법이 한두 문제를 풀어 보면 그만이라는 데 회의를 느낀다. 계산 과정은 복잡하다. 특히 여러분의 대수학 실력이 별로라면 더욱 그렇다. 이러한 이유로 손쉬운 방법을 찾게 되는데 이는 기본 정리의 형태로 우리에게 동기를 부여한다.

한편, 나는 저자로서 해석학에 대한 나의 사랑을 마음껏 채우기로 했다. 디리클레 함수가 대표적으로 리만 합의 단점과 르베그 적분의 필요성을 보여 주는 가장 간단한 예다.(이를 위해 유리수가 측도가 0인 집합을 이룬다는 사실을 받아들여야 한다는 점을 인정한다. 이는 기초적인 해석학 내용과 정반대다.)

기본 정리
- 제19장 통합이란 위대한 성취

적분을 처음 가르쳤을 때 우리는 기하학적인 방법으로 정적분을 계산하는 데 일주일이 걸렸고 부정적분을 계산하는 데 또 일주일이 걸렸다. 두 경우 모두 적분 기호를 사용했지만 학생들은 두 방법에서 어떤 상관관계도 찾아내지 못했다. 나는 목소리를 높였다. "아브라카다브라! 어쨌든 둘은 서로 관련이 있어!"

나는 기본 정리를 세상에서 제일 재미없는 선물로 바꿔 버리고 말았다.

요즘에는 절대 기본 정리를 소홀히 대하지 않는다. 마치 영화 〈해리가 샐리를 만났을 때〉 같다. "당신이 어떤 누군가와 여생을 함께 보내고 싶다는 걸 깨닫는 순간, 가능한 한 빨리 여생이 시작하기를 바라게 될 것이다."

수치 적분
- 제22장 1994년, 미적분학이 탄생하다
- 제28장 불가능의 장면

나는 엔지니어도 당뇨병 연구자도 실용적인 사람도 아니다. 하지만 수치 적분이 과학 전반에 걸쳐 널리 사용되고 현재 미적분학 수업 시간에서 다루는 것보다 훨씬 더 강조해야 할 큰 가치가 있다는 사실을 알고 있다. 특히 현재는 대수학 소프트웨어가 역도함수를 계산하는 데 훨씬 능숙해져 더는 우리가 1001개 적분 기술을 익히지 않도록 도왔다.

적분 기술
- 제20장 적분 안에서 벌어지는 일은 적분 안에 머문다

제20장에서는 적분을 계산하지 않으면서도 적분을 구하는 방법을 맛보았다. 사실 이는 우스꽝스러우면서 도달할 수 없는 목표다. 그러나 이 책의 목적이기도 하다. 나는 계산을 평가 절하하려는 게 아니다. '미적분학'의 목표는 계산을 더욱 쉽게 그리고 머리를 쓰지 않으며 하는 것이다. 나는 삼각 치환에서 흥미진진한 이야기를 끌어낼 수 있는 능력이 부족했다.

적분 상수

* 제21장 딱 한 번 펜을 잘못 놀렸을 뿐인데 사라져 버린 존재

여러분은 다시 한번 운동학에 대한 나의 사랑을 엿보았다. 나는 속도 함수를 적분하는 예로 적분 상수를 소개하는 걸 좋아한다. 여기서 C는 $t=0$일 때의 위치를 의미한다.

회전체

* 제24장 신들과 싸우다
* 제25장 보이지 않는 구로부터
* 제27장 가브리엘, 너의 나팔을 불라

미적분학의 문을 여는 첫 학기 결론으로 회전체만 한 게 없는 것 같다. 시각적으로나 기하학적으로 훌륭하고 놀라울 만큼 기술적이며 아르키메데스와 대천사 가브리엘을 만날 기회를 제공한다.(가브리엘은 영화계에서 가장 독특한 두 배우인 크리스토퍼 워컨과 틸다 스윈턴이 연기한 바 있다. 물론 그 사실이 이 책과 무슨 상관이겠냐마는 여기 말고는 이 이야기를 할 곳이 없다.)

참고 문헌

제1장 손에 잡히지 않는 시간

- Aristotle, *Physics*. Translated by R. P. Hardie and R. K. Gaye. The Internet Classics Archives by Daniel C. Stevenson, Web Atomics, 1994–2000. http://classics.mit.edu/Aristotle/physics.mb.txt.

- Borges, Jorge Luis. "The Secret Miracle." *Collected Fictions*. Translated by Andrew Hurley. New York: Penguin Books, 1999.

- Evers, Liz. *It's About Time: From Calendars and Clocks to Moon Cycles and Light Years—A History*. London: Michael O'Mara Books, 2013.

- Gleick, James. *Time Travel: A History*. New York: Vintage Books, 2017. 제임스 글릭, 노승영 옮김, 《제임스 글릭의 타임트래블》(동아시아, 2019).

- Joseph, George Gheverghese. *The Crest of the Peacock: Non-European Roots of Mathematics*. 3rd ed. Princeton, NJ: Princeton University Press, 2010.

- Mazur, Barry. "On Time (In Mathematics and Literature)." 2009. http://www.

math.harvard.edu/~mazur/preprints/time.pdf.

- Stock, St. George William Joseph. *Guide to Stoicism*. Tredition Classics, 2012.

- Wolfe, Thomas. *Of Time and the River: A Legend of Man's Hunger in His Youth*. New York: Scribner Classics, 1999.

제 2 장 영원히 떨어지는 달

빅터 블라스조에게 무한한 감사를 표한다. 홈페이지(IntellectualMathematics. com)를 통해 공개한 그의 글 〈수학의 역사〉History of Mathematics와 〈직관적인 미적분학〉Intuitive Infinitesimal Calculus은 이번 장을 구상하는 데 큰 도움이 됐다. 그가 밝힌 대로 내가 뉴턴의 주장을 설명한 순서는(즉 먼저 역제곱 법칙이 성립한다고 가정하고 그다음 달의 공전 주기를 추론한 것은) 뉴턴 원문의 순서를 뒤집은 것이다.

블라스조는 다음과 같이 설명한다. "물론 공전 주기는 알려져 있다. 우리가 알 수 없는 건 1초 동안 떨어지는 달의 거리다. 우리는 그 수치를 간접적으로 추론해야 하는데 그 이유는 실험적으로 측정할 방법이 없기 때문이다. 간접적으로 추론한 수치는 중력의 역제곱 법칙과 일치하는 것으로 밝혀졌다."(중력의 역제곱 법칙은 행성의 타원 궤도를 예측함으로써 별도로 확인되었다.)

- Connor, Steve. "The Core of Truth behind Sir Isaac Newton's Apple." *Inde pendent*, January 18, 2010. https://www.independent.co.uk/news/science/ the-core-of-truth-behind-sir-isaac-newtons-apple-1870915.html.

- Epstein, Julia L. "Voltaire's Myth of Newton." *Pacific Coast Philology* 14 (October 1979): 27-33.
- Gleick, James. *Isaac Newton*. New York: Vintage Books, 2004.
- Gregory, Frederick. "Newton, the Apple, and Gravity." Department of History, University of Florida, 1998. http://users.clas.ufl.edu/fgregory/Newton_apple.htm.
- ———. "The Moon as Falling Body." Department of History, University of Florida, 1998. http://users.clas.ufl.edu/fgregory/Newton_moon2.htm.
- Keesing, Richard. "A Brief History of Isaac Newton's Apple Tree." University of York, Department of Physics. https://www.york.ac.uk/ physics/about/newtonsappletree/.
- Moore, Alan. "Alan Moore on William Blake's Contempt for Newton." Royal Academy, December 5, 2014. https://www.royalacademy.org.uk/article/ william-blake-isaac-newton-ashmolean-oxford.
- Voltaire. *Letters on England*. Translated by Henry Morley. Transcribed from the 1893 Cassell & Co. edition. https://www.gutenberg.org/files/2445/2445-h/2445-h.htm.

진리는 환상이다. 우리는 그 사실을 망각한다.
진리는 마모되어 감각적인 힘을 잃어버린 은유이며
더는 동전이 아닌 표면이 다 닳은 금속에 불과하다.
— 프리드리히 니체

제3장 버터 바른 토스트를 먹으며 느낀 찰나의 행복

- Berkeley, George. *The Analyst*, edited by David R. Wilkins, 2002. Based on the original 1734 edition. https://www.maths.tcd.ie/pub/HistMath/People/Berkeley/Analyst/Analyst.pdf.
- Frost, Robert. "Education by Poetry." *Amherst Graduates' Quarterly* (February 1931). http://www.en.utexas.edu/amlit/amlitprivate/scans/edbypo.html.

제4장 세계 공통어

- Atiyah, Michael. "The Discrete and the Continuous from James Clerk Maxwell to Alan Turing." Lecture presented at the 5th Annual Heidelberg Laureate Forum, September 29, 2017.
- Bardi, Jason Socrates. *The Calculus Wars: Newton, Leibniz, and the Greatest Mathematical Clash of All Time*. New York: Basic Books, 2007.
- Mazur, Barry. "The Language of Explanation." Essay written for the University of Utah Symposium in Science and Literature, November 2009. http://

www.math.harvard.edu/~mazur/papers/Utah.3.pdf.

• Wolfram, Stephen. "Dropping In on Gottfried Leibniz." In *Idea Makers: Personal Perspectives on the Lives and Ideas of Some Notable People*. Champaign, IL: Wolfram Media, 2016. http://blog.stephenwolfram.com/2013/05/dropping-in-on-gottfried-leibniz/.

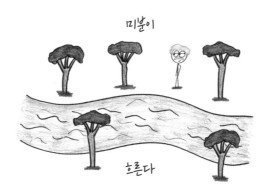

제5장 미시시피강이 160만 킬로미터를 흐른다면

질문에 친절히 답해 주신 타템 교수님께 감사드린다. 교수님은 외삽법外揷法이 농담에 불과하다고 하셨다.

• Ellenberg, Jordan. *How Not to Be Wrong: The Power of Mathematical Thinking*. New York: Penguin Books, 2014.

• Tatem, Andrew J., Carlos A. Guerra, Peter M. Atkinson, and Simon I. Hay. "Momentous Sprint at the 2156 Olympics?" *Nature* 431, no. 525 (September 30, 2004).

• Twain, Mark. *Life on the Mississippi*. Boston: James R. Osgood, 1883. 조던 엘렌버그, 김명남 옮김, 《틀리지 않는 법》(열린책들, 2016). https://www.gutenberg.org/files/245/245-h/245-h.html.

제6장 셜록 홈스와 엉뚱한 방향을 가리키는 자전거

댄 앤더슨에게 감사를 표한다. 자전거 경로를 그리기 위해서는 데스모스 앱이 필요했다.

- Bender, Edward A. "Sherlock Holmes and the Bicycle Tracks." University of California, San Diego. http://www.math.ucsd.edu/~ebender/87/bicycle.pdf.

- Doyle, Arthur Conan. "The Adventure of the Priory School." *In The Return of Sherlock Holmes*. New York: McClure, Phillips & Co., 1905. https://en.wikisource.org/wiki/The_Adventure_of_the_Priory_School.

- Duchin, Moon. "The Sexual Politics of Genius." University of Chicago, 2004. https://mduchin.math.tufts.edu/genius.pdf.

- O'Connor, J. J., and E. F. Robertson. "James Moriarty." School of Mathematics and Statistics, University of St. Andrews. http://www-groups.dcs.st-and.ac.uk/history/Biographies/Moriarty.html.

- Roberts, Siobhan. *Genius at Play: The Curious Life of John Horton Conway*. New York: Bloomsbury, 2015.

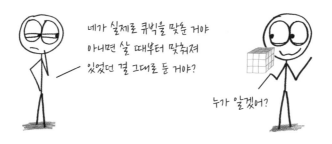

제7장 근거 없는 유행학 개론

우리 고등학교 화학 선생님인 레베카 잭맨에게도 감사하다. 자체 촉매 작용에 관한 내용에 어떤 오류가 있다 해도 결코 그의 잘못이 아니다.

- Jones, Jamie. "Models of Human Population Growth." Monkey's Uncle: Notes on Human Ecology, Population, and Infectious Disease, April 7, 2011. http://monkeysuncle.stanford.edu/?p=933. Jones provides the "mechanistic vs. phenomenological" framework.

제8장 바람이 남긴 것

- Brown, Kevin. "The Limit Paradox." Math Pages. https://www.mathpages.

com/home/kmath063.htm. 브라운 교수님의 글은 주장이 명확하다. 그리고 홈페이지 어디에도 그의 이름이 보이지 않는다. '수학의 목소리'만 울려 퍼질 뿐이다.

- Dunham, William. *The Calculus Gallery: Masterpieces from Newton to Lebesgue.* Princeton, NJ: Princeton University Press, 2008. 윌리엄 더넘, 권혜승 옮김,《미적분학 갤러리》(한승, 2011). 나는 2016년 1월에 더넘의 책에서 지식의 풀을 뜯었다. 해석학 역사에 관한 그의 통찰은 수년간 내 위장을 떠나지 않았다. 이 책은 말하자면, 우유 그 자체다.

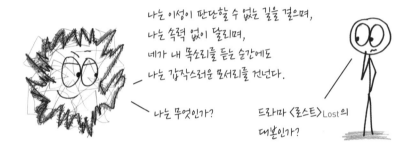

나는 이성이 판단할 수 없는 길을 걸으며,
나는 속력 없이 달리며,
네가 내 목소리를 듣는 순간에도
나는 갑작스러운 모서리를 건넌다.

나는 무엇인가?

드라마〈로스트〉Lost의 대본인가?

제9장 더스티 댄스

- Blåsjö, Viktor. "Attitudes toward Intuition in Calculus Textbooks." 블라스조는 바이어쉬트라스의 함수가 '직관의 사망'이라고 간주되는 데 반박한다. 그 내용에 관심이 있다면 읽어 볼 만하다.

- Dunham, William. *The Calculus Gallery.* 윌리엄 더넘,《미적분학 갤러리》.

- Fowler, Michael. "Brownian Motion." University of Virginia, 2002. http://galileo.phys.virginia.edu/classes/152.mf1i.spring02/BrownianMotion.htm.

- Isaacson, Walter. *Einstein: His Life and Universe.* New York: Simon & Schuster, 2007. 월터 아이작슨, 이덕환 옮김,《아인슈타인 삶과 우주》(까치, 2007).

- Poincaré, Henri. "L'Oeuvre Mathématique de Weierstrass." *Acta Mathema tica* 22 (1899): 1 –18. https://projecteuclid.org/download/pdf_1/euclid. acta/1485882041. 나는 프랑스어를 할 줄 모른다. 그러나 다행스럽게도 구글 번역기 가 있다.

- Yeo, Dominic. "Remarkable Fact about Brownian Motion #1: It Exists." *Even tually Almost Everywhere.* January 22, 2012. https://eventuallyalmosteverywhere. wordpress.com/2012/01/22/remarkable-fact-about-brownian-motion- 1-it-exists/.

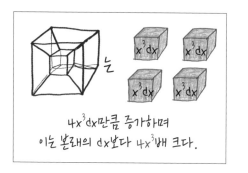

제10장 머리칼이 새파란 여성과 초월적인 소용돌이

- Roberts, Siobhan. *King of Infinite Space: Donald Coxeter, the Man Who Saved Geometry.* New York: Walker, 2006. 시오반 로버츠, 안재권 옮김, 《무한 공간의 왕》(승산, 2009). 로버츠 기하학적 사고의 역사에 관한 인용과 통찰을 슬쩍했다.(또 한 우아한 괴물 부르바키에 의한 철저한 파괴도 다루었다.)
- St. Clair, Margaret. Presenting the Author." *Fantastic Adventures*, Novem ber 1946: 2 –5.
- ———. "Aleph Sub One," *Startling Stories*, January 1948: 62 –69. 고백해야 할 사실이 있다. 이 책에서는 $n=2$, 3, 4인 경우의 $(a+b)^n$만 다룬다. 미분 식으로 확

장한 건 건방지게도 내가 임의로 추가한 것이다.

- Thompson, Silvanus P. *Calculus Made Easy: Being a Very-Simplest Introduction to Those Beautiful Methods of Reckoning Which Are Generally Called By the Terrifying Names of the Differential Calculus and the Integral Calculus.* 2nd ed. London: Macmillan, 1914. 이 책은 인터넷에서 무료로 볼 수 있으며 책 제목보다 훨씬 더 재밌다. 특히 제2장 'On Different Degrees of Smallness'을 살펴보자. https://www.gutenberg.org/files/33283/33283-pdf.pdf.

민첩하고 거만하다고 알려진 그는 당당하게 걸었으며
그들의 여왕처럼 보였다.

− 베르길리우스, 〈아이네이스〉 중에서

제11장 도시의 경계에 선 공주

- Lendering, Jona. "Carthage." *Livius.org: Articles on Ancient History.* http://www.livius.org/articles/place/carthage/.
- ———. "The Founding of Carthage." *Livius.org: Articles on Ancient History.* http://www.livius.org/sources/content/the-founding-of-carthage/.
- Virgil. *The Aeneid.* Translated by John Dryden. http://classics.mit.edu/Virgil/aeneid.html.

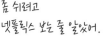

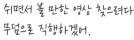

제12장 종이 클립이 일으킨 폐허

- Bostrom, Nick. "Ethical Issues in Advanced Artificial Intelligence." https://nickbostrom.com/ethics/ai.html.

- Chiang, Ted. "Silicon Valley Is Turning into Its Own Worst Fear." *Buzz Feed News*, December 18, 2017. https://www.buzzfeednews.com/article/tedchiang/the-real-danger-to-civilization-isnt-ai-its-runaway.

- Fry, Hannah. *Hello World: Being Human in the Age of Algorithms*. New York: W. W. Norton, 2018. 해나 프라이, 김정아 옮김, 《안녕, 인간》(와이즈베리, 2019).

- Whitman, Walt. "Song of Myself." 1855. *Leaves of Grass* (final "Death-Bed" edition, 1891-92) (David McKay, 1892).

- Yudkowsky, Eliezer. "There's No Fire Alarm for Artificial General Intelligence.", Machine Intelligence Research Institute, October 13, 2017. https://intelligence.org/2017/10/13/fire-alarm/.

- Yudkowsky, Eliezer. "Artificial Intelligence as a Positive and Negative Factor in Global Risk." In *Global Catastrophic Risks*, edited by Nick Bostrom and Milan M.Ćirković, 308-345. New York: Oxford University Press, 2008. http://intelligence.org/files/AIPosNegFactor.pdf.

- Zunger, Yonatan. "The Parable of the Paperclip Maximizer." Hacker Noon, July 24, 2017. https://hackernoon.com/the-parable-of-the-paperclip-maximizer-3ed4cccc669a.

1978년, 래퍼 곡선은 주드 완니스키가 지은 짐에 의문을 품기 시작했다.

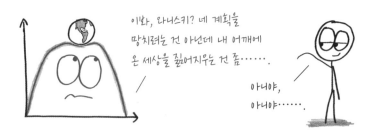

이봐, 완니스키? 네 계획을 망치려는 건 아닌데 내 어깨에 온 세상을 짊어지우는 건 좀······.

아니야, 아니야······.

제13장 곡선의 최후 승리

- Appelbaum, Binyamin. "This Is Not Arthur Laffer's Famous Napkin." *New York Times*, October 13, 2017. https://www.nytimes.com/2017/10/13/us/politics/arthur-laffer-napkintax-curve.html.
- Bernstein, Adam. "Jude Wanniski Dies; Influential Supply-Sider." *Washington Post*, August 31, 2005. http://www.washingtonpost.com/wp-dyn/content/article/2005/08/30/AR2005083001880.html.
- Chait, Jonathan. "Prophet Motive." *New Republic*, March 30, 1997. https://newrepublic.com/article/93919/prophet-motive.
- ———. "Flight of the Wingnuts: How a Cult Hijacked American Politics." *New Republic*, September 10, 2007. http://www.wright.edu/~tdung/How_supply_eco_hijacked_US_Politics.pdf.
- Gardner, Martin. "The Laffer Curve." In *Knotted Doughnuts and Other*

Mathematical Entertainments, 257–71. New York: W. H. Freeman, 1986.

- Laffer, Arthur. "The Laffer Curve: Past, Present, and Future." Heritage Foundation, June 1, 2004. https://www.heritage.org/taxes/report/the-laffer-curve-past-present-and-future.

- "Laffer Curve." Chicago Booth: IGM Forum. June 26, 2012. http://www.igmchicago.org/surveys/laffer-curve. 오스틴 굴즈비, 벵트 홀름스트룀, 케네스 저드, 아닐 카샤프, 리처드 세일러의 말을 인용했다.

- "Laffer Curve Napkin." National Museum of American History. http://americanhistory.si.edu/collections/search/object/nmah_1439217.

- Miller, Stephen. "Jude Wanniski, 69, Provocative Crusader for Supply-Side Economics." *New York Sun*, August 31, 2005. https://www.nysun.com/obituaries/jude-wanniski-69-provocative-crusader-for-supply/19386/.

- Moore, Stephen. "The Laffer Curve Turns 40:The Legacy of a Controversial Idea." *Washington Post*, December 26, 2014. https://www.washingtonpost.com/opinions/the-laffercurve-at-40-still-looks-good/2014/12/26/4cded164-853d-11e4-a702-fa31ff4ae98e_story.html.

- Oliver, Myrna. "Jude Wanniski, 69; Journalist and Political Consultant Pushed Supply-Side Economics." *Los Angeles Times*, August 31, 2005. http://articles.latimes.com/2005/aug/31/local/me-wanniski31.

- "The 100 Best Non-Fiction Books of the Century." *National Review*. May 3, 1999. https://www.nationalreview.com/1999/05/non-fiction-100/.

- Shields, Mike. "The Brain behind the Brownback Tax Cuts." Kansas Health Institute News Service, August 14, 2012. https://www.khi.org/news/article/brain-behindbrownback-tax-cuts.

- Starr, Roger. "The Way the World Works, by Jude Wanniski." *Commentary*, September 1978. https://www.commentarymagazine.com/articles/the-way—the—worldworks—by—jude—wanniski/.

- Wanniski, Jude. "The Mundell—Laffer Hypothesis—a New View of the World Economy." *Public Interest* 39 (1975) 31 –52. https://www.nation alaffairs.com/storage/app/uploads/public/58e/1a4/be4/58e1a4be4 e900066158619.pdf.

- ———. "Taxes, Revenues, and the 'Laffer Curve.'" *Public Interest* 50 (1978): 3 –16. https://www.nationalaffairs.com/storage/app/uploads/ public/58e/1a4/c54/58e1a4c549207669125935.pdf.

제14장 그 개는 알고 있다

이번 장을 위해 시간을 내주고 (스크랩한 신문 기사까지 건넨) 팀 페닝스 교수님에게 무척 고맙다. 그의 반려견 엘비스를 소개하는 건 영광이자 의무였다.

- Bolt, Michael, and Daniel C. Isaksen. "Dogs Don't Need Calculus." *College Mathematics Journal* 41, no. 10 (January 2010): 10-16. https://www.maa.org/sites/default/files/Bolt2010.pdf.

- "CNN Student News Transcript: September 26, 2008." http://www.cnn.com/2008/LIVING/studentnews/09/25/transcript.fri/index.html.

- Dickey, Leonid. "Do Dogs Know Calculus of Variations?" *College Mathematics Journal* 37, no. 1 (January 2006): 20-23. https://www.maa.org/sites/default/files/Dickey-CMJ-2006.pdf.

- "Do Dogs Know Calculus? The Corgi Might." National Purebred Dog Day, March 15, 2016. https://nationalpurebreddogday.com/dogs-know-calculus-corgi-knows/.

- Minton, Roland, and Timothy J. Pennings. "Do Dogs Know Bifurcations?" *College Mathematics Journal* 38, no. 5 (November 2007): 356-61. https://www.maa.org/sites/default/files/pdf/upload_library/22/Polya/minton356.pdf.

- Pennings, Timothy J. "Do Dogs Know Calculus?" *College Mathematics Journal* 34, no. 3 (May 2003): 178-82. https://www.jstor.org/stable/3595798.

- Perruchet, Pierre, and Jorge Gallego, "Do Dogs Know Related Rates Rather Than Optimization?" *College Mathematics Journal* 37, no. 1 (January 2006): 16-18. https://www.maa.org/sites/default/files/pdf/mathdl/CMJ/cmj37-1-016-018.pdf.

- Thurber, James. *Thurber's Dogs: A Collection of the Master's Dogs, Written and Drawn, Real and Imaginary, Living and Long Ago.* New York: Simon & Schuster, 1955.

이력서

고트프리트
라이프니츠

· 여러 지방 법규를 하나의 일관된 체계로 통합하는 법률 개혁 프로젝트를
  이끌었다.

· 사회 경제 관련 조사국, 중앙 기록 보관소, 영농 보조금 등의 기관 및 제도
  를 근대화할 것을 제안했다.

· 서로 앙숙인 종교 기관들을 화해시키기 위해 중재인으로 봉사했다.(결과
  는 묻지 마시라.)

사는 곳:
하노버

· 전염병 예방을 위한 선제 조치를 포함해 정부가 제공하는 헬스케어를 지
  지했다.

목표:
하노버 탈출

· '단지 예술과 과학뿐 아니라 농업, 제조업, 상업 등 한마디로 말해 인생에
  필요한 모든 분야를 개선하는' 학교를 설립하기 위해 힘을 보탰다.

· 영향력 있는 존재론을 전개하였다.

제15장 칼큘무스!

- Arnol'd, Vladimir. *Huygens and Barrow, Newton and Hooke*. Translated by Eric J. F. Primrose. Basel: Birkhäuser Verlag, 1990.

- Bardi, Jason Socrates. *The Calculus Wars*.

- Goethe, Norma B.; Philip Beeley, and David Rabouin, eds. *G. W. Leibniz, Interrelations between Mathematics and Philosophy*. New York: Springer, 2015.

- Grossman, Jane, Michael Grossman, and Robert Katz. *The First Systems of Weighted Differential and Integral Calculus*. Rockport, MA: Archimedes Foundation, 1980. 가우스 관련 인용은 2쪽을 참고했다.

- Kafka, Franz. *The Trial*. London: Vintage, 2005. Translated by Willa and Edwin Muir.

- Wolfram, Stephen. "Dropping In on Gottfried Leibniz."

제16장 circle 그리고 원, 집단, 서클

- Borges, Jorge Luis. "Pascal's Sphere." In *Other Inquisitions*, 1937–1952. Translated by Ruth L. C. Simms. Austin: University of Texas Press, 1975.

- Dauben, Joseph W. "Chinese Mathematics." In *The Mathematics of Egypt, Mesopotamia, China, India, and Islam: A Sourcebook*, edited by Victor Katz, 186–384. Princeton, NJ: Princeton University Press, 2007.

- Donne, John. "A Valediction Forbidding Mourning." In *Songs and Sonnets*.

- Hidetoshi, Fukagawa, and Tony Rothman. *Sacred Mathematics: Japanese Temple Geometry*. Princeton, NJ: Princeton University Press, 2008.

- Joseph, George Gheverghese. *The Crest of the Peacock*.

- Ken'ichi, Sato. "Chapter 2: Seki Takakazu." In *Japanese Mathematics in the Edo Period*. National Diet Library of Japan, 2011. http://www.ndl.go.jp/math/e/s1/2.html.

- Strogatz, Steven. *The Joy of x: A Guided Tour of Math, from One to Infinity*. New York: Mariner Books, 2013.

- Szymborska, Wislawa. "Pi." In *Poems New and Collected*. New York: Mariner Books, 2000.

아이자이어 벌린이 분류한 작가의 종류

여우형

생각이 흩어져 있고 분산되어 있으며
여러 관점을 훑겨 다니는 작가
(예. 세익스피어, 아리스토텔레스)

고슴도치형

'체계적이고 우주적이며
단일 원리'에 전념하는 작가
(예. 플라톤, 단테)

톨스토이형

나는 고슴도치야!
내가 왜 굳이
이걸 설명해야 해?

제17장 《전쟁과 평화》와 적분

- Berlin, Isaiah. *The Hedgehog and the Fox*, edited by Henry Hardy. Princeton, NJ: Princeton University Press, 2013. Original essay published in 1951.

- Dirda, Michael. "If the World Could Write…" Washington Post. October 28, 2007. http://www.washingtonpost.com/wp-dyn/content/article/2007/10/25/AR2007102502856.html.

- Tolstoy, Leo. *War and Peace*. 1869.

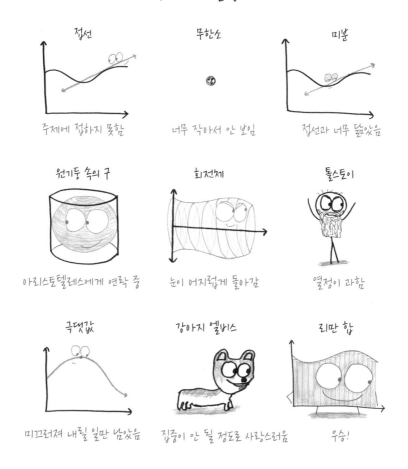

이 책의 마스코트를 뽑는 오디션

접선 — 주제에 정하지 못함

무한소 — 너무 작아서 안 보임

미분 — 접선과 너무 닮았음

원기둥 속의 구 — 아리스토텔레스에게 연락 중

회전체 — 눈이 어지럽게 돌아감

톨스토이 — 열정이 과함

극댓값 — 미끄러져 내릴 일만 남았음

강아지 엘비스 — 집중이 안 될 정도로 사랑스러움

리만 합 — 우승!

제18장 리만시市 스카이라인

- Corrigan, Maureen. *Leave Me Alone, I'm Reading: Finding and Losing Myself in Books*. New York: Random House, 2005.

- Dunham, William. *The Calculus Gallery*. 윌리엄 더넘, 《미적분학 갤러리》.

- Hamill, Pete. "A New York Writer's Take on How His City Has Changed," *National Geographic*, November 15, 2015. https://www.nationalgeographic.

com/new-york-city-skylinetallest-midtown-manhattan/article.html.

- Lindner, Christoph. "New York Vertical: Reflections on the Modern Skyline." *American Studies* 47, no. 1 (Spring 2006): 31-52. https://core.ac.uk/download/pdf/148648368.pdf.

- Rand, Ayn. *The Fountainhead*. New York: New American Library, 1994. 에인 랜드, 민승남 옮김, 《파운틴헤드》(휴머니스트, 2011).

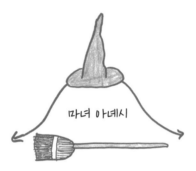

마녀 아녜시

제19장 통합이란 위대한 성취

- Knill, Oliver. "Some Fundamental Theorems in Mathematics." Harvard University. http://www.math.harvard.edu/~knill/graphgeometry/papers/fundamental.pdf.

- Mazzotti, Massimo. *The World of Maria Gaetana Agnesi, Mathematician of God*. Baltimore: Johns Hopkins University Press, 2007.

- Navarro, Joaquin. "Women in Maths: From Hypatia to Emmy Noether." In *Everything Is Mathematical*. Barcelona: RBA Coleccionables, 2013.

- Ouellette, Jennifer. *The Calculus Diaries: How Math Can Help You Lose Weight, Win in Vegas, and Survive a Zombie Apocalypse*. New York: Penguin Books, 2010. 제 니퍼 올렛, 박유진 옮김, 《미적분 다이어리》(자음과 모음, 2011).

적분의 대저택

볼만하지만 쓸모가 없는 치환

하한이 더 클 때

수치 적분 탈출 기둥

강력하고 외로운 적분 상수

변수 변환 미끄럼틀

전 영역이 x축 밑에 있을 때

제20장 적분 안에서 벌어지는 일은 적분 안에 머문다

이나 저카레비치에 감사를 표한다. 도움이 많이 되었고 이메일을 주고받는 과정도 즐거웠다.

- Feynman, Richard P. *Surely You're Joking, Mr. Feynman!: Adventures of a Curious Character.* New York: W. W. Norton, 1985. 리처드 파인먼, 김희봉 옮김, 《파인먼 씨 농담도 잘하시네》(사이언스북스, 2000).

- Gaither, Carl C. and Alma E. Cavazos-Gaither, eds. Gaither's Dictionary of Scientific Quotations. New York: Springer Science & Business Media, 2008.

- Gleick, James. *Genius: The Life and Science of Richard Feynman.* New York: Pantheon Books, 1992. 제임스 글릭, 황혁기 옮김, 《천재》(승산, 2005).

- Ouellette, Jennifer. *The Calculus Diaries.* 제니퍼 울렛, 《미적분 다이어리》.

- Ury, Logan R. "Burden of Proof." *Harvard Crimson.* December 6, 2006. https://www.thecrimson.com/article/2006/12/6/burden-of-proof-at-1002-am/.

- Zakharevich, Inna. "Another Derivation of Euler's Integral Formula." Reported by Noam D. Elkies. Harvard University. http://www.math.harvard.edu/~elkies/Misc/innaz.pdf.

제21장 딱 한 번 펜을 잘못 놀렸을 뿐인데 사라져 버린 존재

물리학 박사 과정을 밟고 있는 폴 레먼드에게 깊은 감사를 표한다. 그는 스카이 프로 나에게 우주론을 가르쳤다. 내용에 어떤 오류가 있다면 전적으로 내 책임이다.

- Einstein, Albert. "Cosmological Considerations in the General Theory of Relativity." Translated by W. Perrett and G. B. Jeffery. Reprinted from *The Principle of Relativity*, 175–89. New York: Dover, 1952. https://einsteinpapers.press.princeton.edu/vol6-trans/433.

- Harvey, Alex, "The Cosmological Constant." New York University, November 23, 2012. https://arxiv.org/pdf/1211.6337.pdf.

- Isaacson, Walter. *Einstein*.

- Janzen, Daryl. "Einstein's Cosmological Considerations." University of Saskatchewan. February 13, 2014. https://arxiv.org/pdf/1402.3212.pdf.

- Munroe, Randall. "The Space Doctor's Big Idea." *New Yorker*, November 18, 2015.

- Ohanian, Hans. Einstein's Mistakes: *The Human Failings of Genius*. New York: W. W. Norton & Company, 2008.

- O'Raifeartaigh, C., and B. McCann. "Einstein's Cosmic Model of 1931 Revisited: An Analysis and Translation of a Forgotten Model of the Universe." Waterford Institute of Technology. https://arxiv.org/ftp/arxiv/

papers/1312/1312.2192.pdf.

- O'Raifeartaigh, Cormac, Michael O'Keeffe, Werner Nahm, and Simon Mitton. "Einstein's 1917 Static Model of the Universe: A Centennial Review." https://arxiv.org/ftp/arxiv/papers/1701/1701.07261.pdf.

- Rovelli, Carlo. *Seven Brief Lessons on Physics*. New York: Riverhead Books, 2016. 카를로 로벨리, 김현주 옮김, 《모든 순간의 물리학》(쌤앤파커스, 2016).

- Straumann, Norbert. "The History of the Cosmological Constant Problem." Institute for Theoretical Physics, University of Zurich, August 13, 2001. https://arxiv.org/pdf/gr-qc/0208027.pdf.

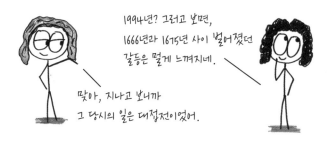

제22장 1994년, 미적분학이 탄생하다

- Łaba, Izabella. "The Mathematics of Wheel Reinvention." *The Accidental Mathematician*. January 18, 2016. https://ilaba.wordpress.com/2016/01/18/the-mathematics-ofwheel-reinvention/.

- "Letters." *Diabetes Care* 17, no. 10 (October 1994): 1223–27. Authors of quoted letters include Ralf Bender; Thomas Wolever; Jane Monaco and Randy Anderson; and Mary Tai.

- "Medical Researcher Discovers Integration, Gets 75 Citations." *An American*

Physics Student in England. March 19, 2007. https://fliptomato.wordpress.com/2007/03/19/medical-researcher-discovers-integration-gets-75-citations/.

- Ossendrijver, Mathieu. "Ancient Babylonian Astronomers Calculated Jupiter's Position from the Area under a Time-Velocity Graph." *Science* 351, no. 6272 (January 29, 2016): 482-84.

- Tai, Mary. "A Mathematical Model for the Determination of Total Area under Glucose Tolerance and Other Metabolic Curves." *Diabetes Care* 17, no. 2 (February 1994): 152-54.

- Trefethen, Lloyd N. "Numerical Analysis." In *Princeton Companion to Mathematics*, edited by Timothy Gowers, June Barrow-Green, and Imre Leader. Princeton, NJ: Princeton University Press, 2008. http://people.maths.ox.ac.uk/trefethen/NAessay.pdf.

- Wolever, Thomas. "How Important Is Prediction of Glycemic Responses?" *Diabetes Care* 12, no. 8 (September 1989): 591-93.

제23장 고통을 반드시 느껴야 한다면

- Bentham, Jeremy. *An Introduction to the Principles of Morals and Legislation.* Adapted by Jonathan Bennett. https://www.earlymoderntexts.com/assets/pdfs/bentham1780.pdf.

- Bradbury, Ray. *Bradbury Speaks: Too Soon From the Cave, Too Far from the Stars.* New York: William Morrow, 2006.

- Dickinson, Emily. "Bound—a Trouble." (No. 269.) https://en.wikisource.org/wiki/Bound_—_a_trouble_—.

- Frost, Robert. "Happiness Makes Up in Height for What It Lacks in Length." In *The Poetry of Robert Frost: The Collected Poems, Complete and Unabridged.* New York: Henry Holt and Co., 1999.

- Jevons, William Stanley. "Brief Account of a General Mathematical Theory of Political Economy." *Journal of the Royal Statistical Society*, London XXIX (June 1866): 282–87. https://www.marxists.org/reference/subject/economics/jevons/mathem.htm.

- Kahneman, Daniel, Barbara L. Fredrickson, Charles A. Schreiber, and Donald A. Redelmeier. "When More Pain Is Preferred to Less: Adding a Better End." *Psychological Science* 4, no. 6 (November 1993): 401–5.

- Mill, John Stuart. *Utilitarianism* (edited by George Sher). Indianapolis: Hackett Publishing Co., 2002. Page 10.

- Singer, Peter. *Animal Liberation: Updated Edition.* New York: Harper Perennial, 2009. 피터 싱어, 김성한 옮김, 《동물 해방》(연암서가, 2012).

제24장 신들과 싸우다

- Brown, Kevin. "Archimedes on Spheres and Cylinders." Math Pages. https://www.mathpages.com/home/kmath343/kmath343.htm.

- Leibniz, Gottfried Wilhelm Freiherr, and Antoine Arnauld. *The Leibniz-Arnauld Correspondence*. New Haven, CT: Yale University Press, 2016.

- Lockhart, Paul. *Measurement*. Cambridge, MA: Belknap Press, 2012.

- Plutarch. *Lives of the Nobel Greeks and Romans*. http://www.fulltextarchive.com/page/Plutarch-s-Lives10/#p35.

- Polster, Burkard. *Q.E.D.: Beauty in Mathematical Proof*. New York: Bloomsbury, 2004.

- Polybius. *Universal History, Book VIII*. Excerpted from *The Rise of the Roman Empire*, translated by Ian Scott-Kilvert. New York: Penguin Books, 1979. https://www.math.nyu.edu/~crorres/Archimedes/Siege/Polybius.html.

- Rorres, Chris. "Death of Archimedes: Sources." New York University. https://www.math.nyu.edu/~crorres/Archimedes/Death/Histories.html.

Goryunov. *Russian Mathematical Surveys* 53, no. 1 (1998): 229 – 36.

- Cheng, Eugenia. *Beyond Infinity: An Expedition to the Outer Limits of Mathematics*. New York: Basic Books, 2017.

- Ellenberg, Jordan. *How Not to Be Wrong*. 조던 엘렌버그, 《틀리지 않는 법》

- Kakutani, Michiko. "A Country Dying of Laughter. In 1,079 Pages." *New York Times*, February 13, 1996. https://www.nytimes.com/1996/02/13/books/books-of-the-times-acountry-dying-of-laughter-in-1079-pages.html.

- Max, Daniel T. *Every Love Story is a Ghost Story: A Life of David Foster Wallace*. New York: Viking, 2012.

- McCarthy, Kyle. "Infinite Proofs: The Effects of Mathematics on David Foster Wallace." *Los Angeles Review of Books*, November 25, 2012. https://lareviewofbooks.org/article/infinite-proofs-the-effects-of-mathematics-on-david-foster-wallace/.

- Papineau, David. "Room for One More." *New York Times*, November 16, 2003. http://www.nytimes.com/2003/11/16/books/room-for-one-more.html.

- Scott, A. O. "The Best Mind of His Generation." *New York Times*, September 20, 2008. https://www.nytimes.com/2008/09/21/weekinreview/21scott.html.

- Wallace, David Foster. "Tennis, Trigonometry, Tornadoes: A Midwestern Boyhood." *Harper's Magazine*, December 1991.

- ———. *Infinite Jest*. New York: Little, Brown, 1996.

- ———. "Rhetoric and the Math Melodrama." *Science* 290, no. 5500 (December 22, 2000): 2263 – 67.

- ———. *Everything and More: A Compact History of Infinity*. New York: W. W. Norton, 2003.

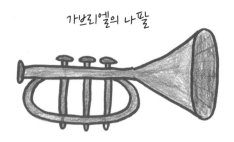

가브리엘의 나팔

(그림으로 표현할 수는 없으나 구글에서 관련 검색어를 찾을 수 있다.
가브리엘의 웨딩 케이크, 가브리엘의 깔때기, 가브리엘의 라바 램프, 토르의 망치.)

제27장 가브리엘, 너의 나팔을 불라

- Alexander, Amir. *Infinitesimal: How a Dangerous Mathematical Theory Shaped the Modern World*. New York: Farrar, Straus and Giroux, 2014.

- Cucić, Dragoljub. "Types of Paradox in Physics." Regional Centre for Talents Mihajlo Pupin. https://arxiv.org/ftp/arxiv/papers/0912/0912.1864.pdf.

- Gethner, Robert M. "Can You Paint a Can of Paint?" *College Mathematics Journal* 36, no. 4 (November 2005): 400–402.

- Hofstadter, Douglas. *Gödel, Escher, Bach: An Eternal Golden Braid*. New York: Basic Books, 1979.

- Smith, Wendy, and Marianne Lewis. "Leadership Skills for Managing Paradoxes." *Industrial and Organizational Psychology* 5, no. 2 (June 2012).

제28장 불가능의 장면

가우스 적분의 증명을 단계별로 설명해 준 아내에게 감사하다.

- Chiang, Ted. *Stories of Your Life and Others*. New York: Tom Doherty Associates, 2002. 테드 창, 김상훈 옮김, 《당신 인생의 이야기》(엘리, 2016).
- Oliva, Philip B. *Antioxidants and Stem Cells for Coronary Heart Disease*. Singapore: World Scientific Publishing, 2014. Page 534.

The Wisdom of Calculus in a Madcap World

If past when?

hever we ipped the ovrglass.

$$\frac{d\ Velociraptor}{dt} = Acceleraptor$$

$$e^{\pi i} + 1 = 0$$

$$\frac{\Delta y}{\Delta x} =$$

← fig cookie

derivatives • integrals

↙ infinitesimals

BE THE $\frac{d\ World}{dt}$ YOU WISH TO SEE

CHAINS RULE!

"I can calculate the motion of heavenly bodies, but not the madness of people."
    -Sir I. Newton

CREDIT (NEWTON'S VIEW)

Newton | Leibniz

CREDIT (LEIBNIZ'S VIEW)

Newton | Leibniz

CREDIT (MY VIEW)

N.C.

Everybody Else

INTEGRATION:

ONLY RACISTS HATE IT

dv u v du

INTEGRATION BY PARTS

Spivak > Stewart

Spivak > (Stewart)^2

$$\frac{Stewart}{Spivak} = 0$$

LADDER! WHY ARE YOU DOING THIS AGAIN?

GOTTFRIED'S GETTIN'

WIGGY WITH IT

$\frac{5}{4} + \dots$
ES

hall seize tegration!

TIME (seconds)

2 —

1 —

This could take a while...

0

1 2 3 4 5 6

TIME (moments)

Let ∞ come to N for once.

$$f(x) = e^x$$

$$f^{-1}(x) =$$

natural log
↙

I'M VERY GOOD AT INTE AND DIFFERENTIAL CALC I KNOW THE SCIENTIFIC
E BEINGS ANIMAL CUL

ION